世界遺産シリーズ

世界遺産学入門

―もっと知りたい世界遺産―

古田陽久　古田真美　共著

《目　次》

- ■ユネスコとは　5
- ■世界遺産条約　9
- ■世界遺産とは　13
    - はじめに　14
    - 世界遺産とは　14
    - 世界遺産条約　15
    - 世界遺産委員会　16
    - 世界遺産リスト　16
    - 自然遺産とは　17
    - 文化遺産とは　17
    - 複合遺産とは　19
    - 危機にさらされている世界遺産　20
    - 世界遺産への登録手順　21
    - 世界遺産基金　22
    - 世界遺産は普遍的でボーダーレス　23
    - 世界遺産は地球と人類の至宝　23
    - 日本の世界遺産　24
    - 世界遺産は国土・地域・まちづくりの原点　25
    - 世界遺産を通じての国際貢献　26
    - 世界遺産学のすすめ　26
    - 世界遺産から地球遺産へ　27
    - おわりに　28
    - □世界遺産への登録手順フロー・チャート　29
    - □世界遺産分布図　30-31

- ■多様な世界遺産
    - □エッサウィラ（旧モガドール）のメディナ　34
    - □ラムの旧市街　36
    - □カスビのブガンダ王族の墓　38
    - □オカシュランバ・ドラケンスバーク公園　40
    - □マサダ国立公園　42
    - □サマルカンド-文明の十字路　44
    - □雲崗石窟　46
    - □琉球王国のグスク及び関連遺産群　48
    - □グレーター・ブルー・マウンティンズ地域　50
    - □ティヴォリのヴィラ・デステ　52
    - □ユングフラウ・アレッチ・ビエッチホルン　54
    - □中世の交易都市プロヴァン　56

世界遺産学入門ーもっと知りたい世界遺産ー　目　次

- □アランフエスの文化的景観　58
- □ギマランイスの歴史地区　60
- □ダウエント渓谷の工場　62
- □ウィーンの歴史地区　64
- □関税同盟炭坑の産業遺産　66
- □ブルノのトゥーゲントハット邸　68
- □ヤヴォルとシフィドニツァの平和教会　70
- □ファールンの大銅山の採鉱地域　72
- □中央シホテ・アリン　74
- □レオン・ヴィエホの遺跡　76
- □ガラパゴス諸島　78
- □ゴイヤスの歴史地区　80
- □アレキパ市の歴史地区　82

■世界遺産との出会いとこれから　85
■富士山の世界遺産化を考える　97
■世界遺産化への取組み　105
■世界遺産学のすすめ　111
■資料編
- □世界遺産全物件リスト　116

＜資料・写真　提供＞

モロッコ王国大使館，モロッコ政府観光局，www.essaouiranet.com/ Miss Kabira Charafi and Mr Patrick Heinkel，ケニア共和国大使館，ウガンダ大使館，UTB（Uganda Tourist Board）/Ignatius B. Nakishero, Webmaster, Buganda Home Page/Mukasa E. Ssemakula，南アフリカ大使館，南アフリカ政府観光局，NATAL PARKS BOARD，イスラエル大使館，イスラエル政府観光局，ウズベキスタン共和国大使館，IREX Internet Access & Training Program/Central Asia/David John Jea，中国国家観光局，オーストラリア大使館広報部，オーストラリア政府観光局，Environment Austraslia /AHC collection / Y.Webster，ニュー・サウス・ウェールズ州政府観光局，イタリア政府観光局（ENTE PROVINCIALE PER IL TURISMO＝ENIT），RomaGift.com - Roberto Guarda，Ciao Elena/tourome，スイス政府観光局，JUNGFRAUBAHNEN，フランス政府観光局，イル・ド・フランス地方観光局，Provins Tourist Office/Stephanie Danis，スペイン政府観光局，Ministerio de Comercio y Turismo, Fundacion Puente Barcas，ポルトガル投資観光貿易振興庁，英国政府観光庁，Dorset and East Devon Coast World Heritage Site/Sally King,Visitor Manager，New Lanark Conservation Trust / Ms Lorna Davidson，Barry Joyce MBE/Conservation and Design Officer, Environmental Services Department, Derbyshire County Council，オーストリア政府観光局，ウィーン観光局，ドイツ観光局，NRW Japan，チェコ大使館，the Czech Tourist Authority，OMI MMB/Michal Babicka，Dwight Peck, Executive Assistant for Communications The Convention on Wetlands/Dr Georgi Hiebaum,Central Laboratory of General Ecology Sofia，Felicity Booth,School of World Art Studies University of East Anglia Norwich NR4 7TJ，ポーランド大使館，LESZEK SWIATKOWSKI（JAWOR），スウェーデン大使館，Swedish Travel & Tourism Council，スカンジナビア政府観光局，KOPPARBERGET，Falun Tourist Office，在大阪ロシア総領事館，Lucky Tour Co.,Ltd/KOVALSKY Slava，Government of Kamchatka Region Foreign Economic Relations and Tourism Division，ニカラグアNicaraguan Institute of Tourism（INTUR）/Diego Congote，エクアドル大使館，Metropolitan Touring，ブラジル大使館，ブラジル連邦政府商工観光省観光局，Goiania/GO-Brasil/Angela Blau（aka Chrisgel），EMBRATUR，ペルー大使館，山梨県観光課

ユネスコとは

ユネスコは，国連の教育，科学，文化分野の専門機関
本部はパリにあり事務局長は日本人としては初めての松浦晃一郎氏（前駐仏大使）が務めている。

ユネスコとは

　ユネスコとは，国際連合の専門機関の一つである教育科学文化機関（United Nations Educational, Scientific and Cultural Organization＝UNESCO）のことです。人類の知的，倫理的連帯感の上に築かれた恒久平和を実現するために1946年に創設されました。その活動領域は，教育，自然科学，社会・人文科学，文化，それに，コミュニケーション。1945年11月にロンドンで「連合国教育文化会議」が開催され，アメリカ合衆国，カナダ，イギリス，フランス，中国など国連加盟の37か国によってユネスコ憲章（The Charter of UNESCO）を採択し，翌年，発効しました。

　「……戦争は，人の心の中で生まれるものであるから，人の心の中に平和のとりでを築かなければならない。……だから，平和が失敗に終わらない為には，それを全人類の知的および道義的関係の上に築き上げなければならない……」（前文冒頭）の言葉は有名です。

　ユネスコの加盟国の数は，2002年1月現在で，188か国（それに6つの準加盟国）。ユネスコ本部はパリにあり，アジア・太平洋地域，アラブ諸国地域，欧州・北米地域，アフリカ地域，ラテンアメリカ・カリブ海地域など世界各地に73の地域事務所があります。現在のユネスコ事務局長は，日本人としては初めての前駐仏大使の松浦晃一郎氏。2002～2003年度事業予算は5億4400万米ドル。

　2001年の第31回ユネスコ総会では，文化の多様性を保護，促進することを目的とした「文化の多様性に関する宣言」が採択されました。この宣言は，文化の多様性こそが，生物界における種の多様性と同様に，豊かな文化の創造の源であるとの認識を示し，文化多元主義を打ち出した画期的なものです。

　また，ユネスコは，地球と人類の遺産プロジェクトにおいても，世界の文化遺産及び自然遺産の保護に関する条約（通称 世界遺産条約），人類の口承及び無形遺産の傑作の宣言，メモリー・オブ・ザ・ワールド（史料遺産保存），人間と生物圏計画（MAB）など多角的なプログラムを設けています。

　世界遺産条約の関係では，2002年は，1972年11月16日にパリで開催された第17回ユネスコ総会において世界遺産条約が採択されてから30年，また，わが国が世界遺産条約を1992年に締約してから10年になる記念すべき年になります。

　一方，アフガニスタンの難民救済など復興に向けた支援活動も期待されています。

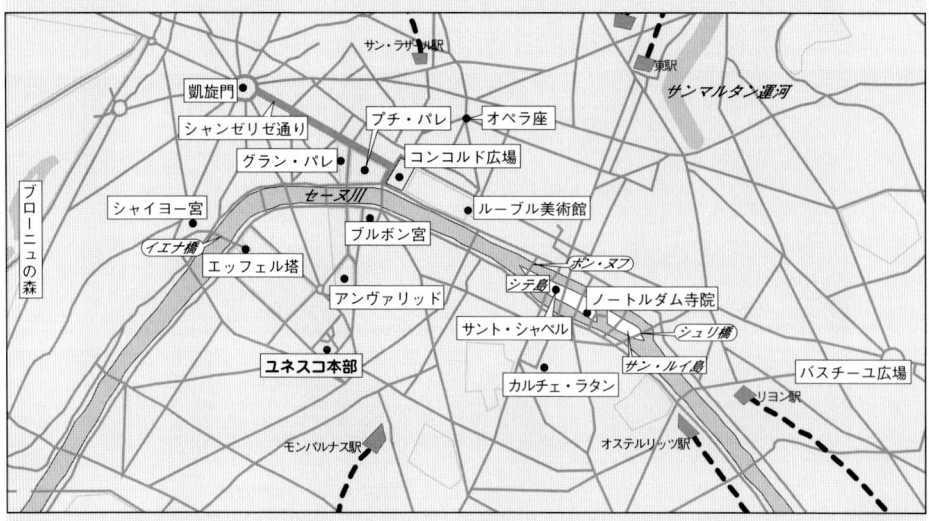

- 「世界遺産事典－関連用語と全物件プロフィール－2001改訂版」（シンクタンクせとうち総合研究機構）
- 「世界遺産Q&A－世界遺産の基礎知識－2001改訂版」（シンクタンクせとうち総合研究機構）

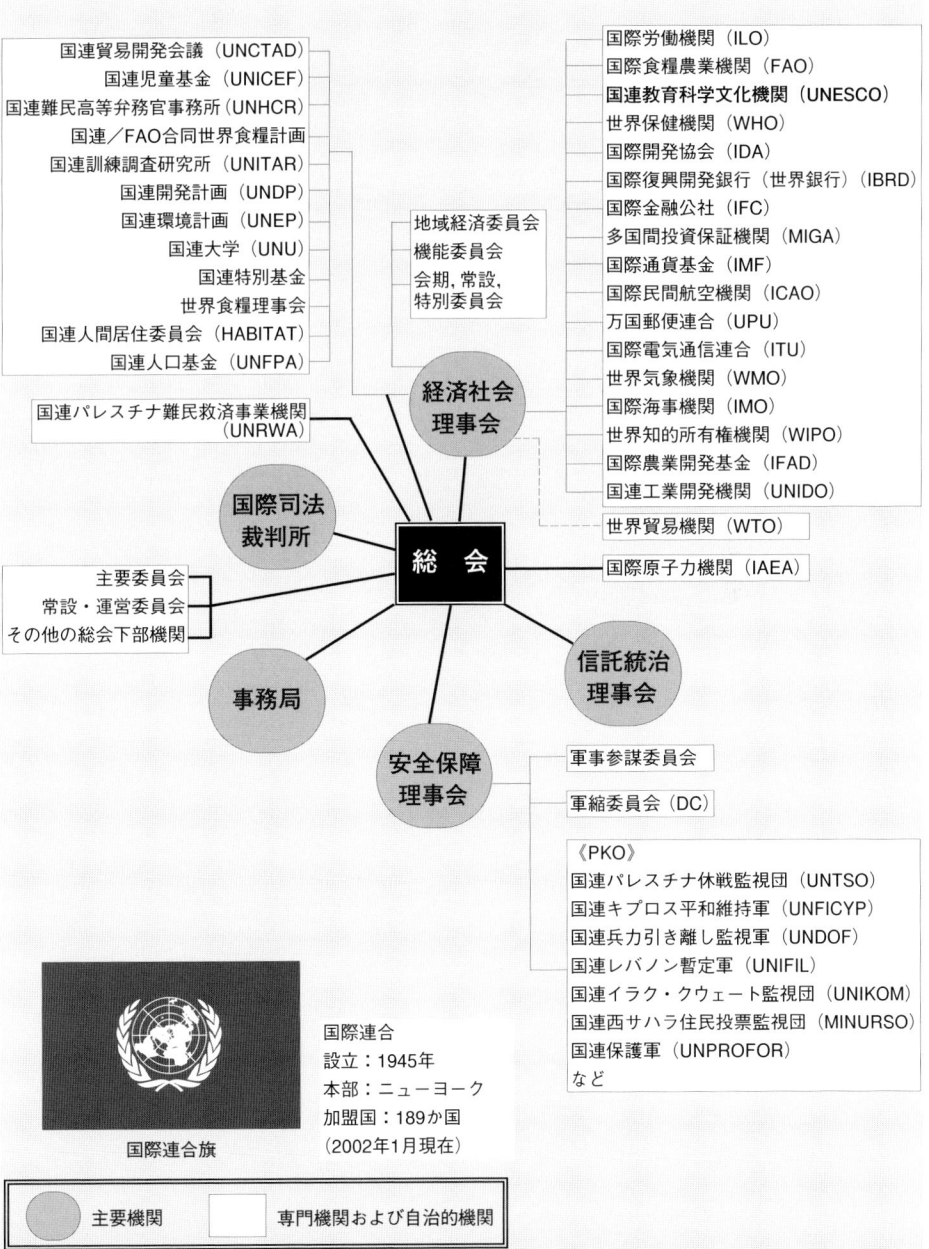

世界遺産条約

Convention concerning the protection
of the world cultural and natural heritage

adopted by the General Conference at its seventeenth session
Paris, 16 November 1972

Convención sobre la protección
del patrimonio mundial, cultural y natural

aprobada por la Conferencia General en su decimoséptima reunión
París, 16 de noviembre de 1972

Convention concernant la protection
du patrimoine mondial, culturel et naturel

adoptée par la Conférence générale à sa dix-septième session
Paris, 16 novembre 1972

Конвенция об охране всемирного
культурного и природного наследия

принятая Генеральной конференцией на семнадцатой сессии,
Париж, 16 ноября 1972 г.

اتفاقية لحماية التراث العالمى الثقافى والطبيعى

أقرها المؤتمر العام فى دورته السابعة عشرة
باريس، ١٦ نوفمبر/تشرين الثانى ١٩٧٢

世界遺産条約は，第30条の規定により，
英語，スペイン語，フランス語，ロシア語，および，アラビア語
によって作成されている。

Convention Concerning the Protection of
the World Cultural and Natural Heritage

原文

The General Conference of the United Nations Education, Scientific and Cultural Organization meeting in Paris from 17 October to 21 November 1972, at its seventeenth session,

Noting that the cultural heritage and the natural heritage are increasingly threatened with destruction not only by the traditional causes of decay, but also by changing social and economic conditions which aggravate the situation with even more formidable phenomena of damage or destruction,

Considering that deterioration or disappearance of any item of the cultural or natural heritage constitutes a harmful impoverishment of the heritage of all the nations of the world,

Considering that protection of this heritage at the national level often remains incomplete because of the scale of the resources which it requires and of the insufficient economic, scientific, and technological resources of the country where the property to be protected is situated,

Recalling that the Constitution of the Organization provides that it will maintain, increase, and diffuse knowledge by assuring the conservation and protection of the world's heritage, and recommending to the nations concerned the necessary international conventions,

Considering that the existing international conventions, recommendations and resolutions concerning cultural and natural property demonstrate the importance, for all the peoples of the world, of safeguarding this unique and irreplaceable property, to whatever people it may belong,

Considering that parts of the cultural or natural heritage are of outstanding interest and therefore need to be preserved as part of the world heritage of mankind as a whole,

Considering that in view of the magnitude and gravity of the new dangers threatening them, it is incumbent on the international community as a whole to participate in the protection of the cultural and natural heritage of outstanding universal value, by the granting of collective assistance which, although not taking the place of action by the State concerned, will serve as an efficient complement thereto,

Considering that it is essential for this purpose to adopt new provisions in the form of a convention establishing an effective system of collective protection of the cultural and natural heritage of outstanding universal value, organized on a permanent basis and in accordance with modern scientific methods,

Having decided, at its sixteenth session, that this question should be made the subject of an international convention,

Adopts this sixteenth day of November 1972 this Convention.

世界の文化遺産及び自然遺産の保護に関する条約
（世界遺産条約）　　　和訳

　国際連合教育科学文化機関（以下　ユネスコ）の総会は，
　1972年10月17日から11月21日までパリにおいてその第17回会期として会合し，
　文化遺産及び自然遺産が，衰亡という在来の原因によるのみでなく，一層深刻な損傷，または，破壊という現象を伴って事態を悪化させている社会的及び経済的状況の変化によっても，ますます破壊の脅威にさらされていることに留意し，
　文化遺産及び自然遺産のいずれの物件が損壊し，または，滅失することも，世界のすべての国民の遺産の憂うべき貧困化を意味することを考慮し，
　これらの遺産の国内的保護に多額の資金を必要とするため，並びに，保護の対象となる物件の存在する国の有する経済的，学術的及び技術的な能力が十分でないため，国内的保護が不完全なものになりがちであることを考慮し，
　ユネスコ憲章が，同機関が世界の遺産の保存及び保護を確保し，かつ，関係諸国民に対して必要な国際条約を勧告することにより，知識を維持し，増進し，及び，普及することを規定していることを想起し，
　文化財及び自然の財に関する現存の国際条約，国際的な勧告及び国際的な決議がこの無類の及びかけがえのない物件（いずれの国民に属するものであるかを問わない）を保護することが世界のすべての国民のために重要であることを明らかにしていることを考慮し，
　文化遺産及び自然遺産の中には，特別の重要性を有しており，従って，人類全体のための世界の遺産の一部として保存する必要があるものがあることを考慮し，
　このような文化遺産及び自然遺産を脅かす新たな危険の大きさ及び重大さに鑑み，当該国がとる措置の代わりにはならないまでも有効な補足的手段となる集団的な援助を供与することによって，顕著な普遍的価値を有する文化遺産及び自然遺産の保護に参加することが，国際社会全体の任務であることを考慮し，
　このため，顕著な普遍的価値を有する文化遺産及び自然遺産を集団で保護するための効果的な体制であって，常設的に，かつ，現代の科学的方法により組織されたものを確立する新たな措置を，条約の形式で採択することが重要であることを考慮し，
　総会の第16回会期においてこの問題が国際条約の対象となるべきことを決定して，この条約を1972年11月16日に採択する。

※2002年は，1972年11月16日にパリで開催された第17回ユネスコ総会において世界遺産条約が採択されてから30年，また，わが国が世界遺産条約を1992年に締約してから10年になる記念すべき年です。

☞　「世界遺産ガイド－世界遺産条約編－」（シンクタンクせとうち総合研究機構　発行）

世界遺産とは

フィリピンのコルディリェラ山脈の棚田
(Rice Terraces of the Philippine Cordilleras)
文化遺産(登録基準(ⅲ)(ⅳ)(ⅴ))　1995年　★【危機遺産】2001年
体系的な監視プログラムや総合管理計画がない為
「危機にさらされている世界遺産リスト」に登録された。

はじめに

　2001年12月，フィンランドのヘルシンキで開催された第25回世界遺産委員会で，31の物件が新たにユネスコの世界遺産に登録され，その総数が，721物件（自然遺産144物件，文化遺産554物件，複合遺産23物件）になりました。

　わが国の場合，「白神山地」，「屋久島」，「法隆寺地域の仏教建造物」，「姫路城」の4物件が1993年12月にコロンビアのカルタヘナで開催されたユネスコの第17回世界遺産委員会で世界遺産として登録され，その後，「古都京都の文化財」，「白川郷・五箇山の合掌造り集落」，「広島の平和記念碑（原爆ドーム）」，「厳島神社」，「古都奈良の文化財」，「日光の社寺」，「琉球王国のグスク及び関連遺産群」と続き，現在，11の物件（自然遺産2　文化遺産9）が登録されています。

　このことが背景になって，わが国では聞き慣れなかった「世界遺産」という言葉もテレビ，ラジオ，新聞，書籍，インターネットなど多くのメディアで取り上げられるようになり，21世紀の文明への架け橋として注目を集めています。

　本書は，新しい学問としての「世界遺産学」の入門書として取りまとめたものです。人文・社会，自然科学などの既存の学問領域を越えた学際的な世界遺産学について探求します。

世界遺産とは

　世界遺産とは，人類が歴史に残した偉大な文明の証明ともいえる遺跡や文化的な価値の高い建造物，そして，この地球上から失われてはならない貴重な自然環境を保護・保全することにより，人類にとってかけがえのない共通の財産を後世に継承していくことを目的に，1972年のユネスコ総会で採択された「世界遺産条約」に基づく「世界遺産リスト」に登録されている物件のことです。

　この世界遺産の考え方が生まれたのは，ナイル川のアスワン・ハイ・ダムの建設計画で，1960年代に水没の危機にさらされたアブシンベル宮殿などのヌビア遺跡群の救済問題でした。このとき，ユネスコが遺跡の保護を世界に呼びかけ，多くの国々の協力により移築したことにはじまります。また，同時期に国連環境会議などを中心にした自然遺産保護運動の気運の高まりも世界遺産条約採択の契機になりました。

　このように人類共通の遺産を，国家をこえ，国際的に協力しあい，保護・保存することの必要性から生まれた概念が「世界遺産」なのです。

　世界遺産とは，ユネスコの世界遺産リストに登録されている世界的に「顕著な普遍的価値」(Outstanding Universal Value) をもつ記念物，建造物群，遺跡，自然の地域など，国家や民族を超えて未来世代に引き継いでいくべき人類共通のかけがえのない地球の自然や人間によって創造された文化の遺産です。

　従って，ユネスコの世界遺産に登録される為には，
　第1に，世界的に顕著な普遍的価値を有することが前提になります。
　第2に，世界遺産委員会が定める世界遺産の登録基準 (Inscription for Criteria) の1つ以上を満している必要があります。
　第3に，世界遺産としての価値を将来にわたって継承していく為の保護・管理措置が講じられている必要があります。

　世界遺産条約を締約している締約国から推薦された遺産は，世界遺産委員会の審査を経て世界遺産に登録されます。また，各締約国の拠出した基金から，必要に応じて保全に対する国際的援助が行われています。こうした世界遺産に対する考え方の根底には，自然遺産や文化遺産は，その国やその国の民族だけのものではなく，地球に住む私たち一人一人にとってもかけがえのない宝物であり，その保護・保全は人類共通の課題であるという共通認識があります。

つまり，顕著な普遍的価値を持つ世界遺産を保護・保全するために，その重要性を広く世界に呼びかけ，保護・保全のための国際協力を推し進めていくことが世界遺産の基本的な考え方といえます。

世界遺産条約

　世界の貴重な自然遺産，文化遺産を保護・保全し，次世代に継承しようとの目的から，1972年に国際連合（国連）の教育科学文化機関であるユネスコの総会で世界遺産条約（The World Heritage Convention）が採択されました。
　世界遺産条約の正式な条約名は，「世界の文化遺産および自然遺産の保護に関する条約」（Convention Concerning the Protection of the World Cultural and Natural Heritage）で，1972年11月16日にユネスコのパリ本部で開催された第17回ユネスコ総会において満場一致で採択され，1975年12月17日に発効しました。自然遺産および文化遺産を人類全体の為の世界の遺産として損傷，破壊などの脅威から保護し，保存することが重要であるとの観点から，国際協力および援助体制の確立を目的とした多数国間条約で，2002年1月現在，アメリカ合衆国，イギリス，フランス，ドイツ，イタリア，中国など世界の167か国が締約しています。
　わが国は，1992年6月19日に世界遺産条約を国会で承認，6月30日に受諾書寄託，9月30日に発効し，124か国目の締約国として仲間入りしました。
　世界遺産条約の全文は，前文，(1)文化遺産および自然遺産の定義　(2)文化遺産および自然遺産の国内的および国際的保護　(3)世界の文化遺産および自然遺産の保護のための政府間委員会　(4)世界の文化遺産および自然遺産の保護のための基金　(5)国際的援助の条件および態様　(6)教育事業計画　(7)報告　(8)最終条項の8章から構成されています。
　世界遺産の締約国（State Parties）は，自国内に存在する世界遺産を保護・保存する義務を認識し，最善を尽くす（世界遺産条約第4条）。また，他国内に存在する世界遺産についても，保護に協力することが国際社会全体の義務であることを認識する（同第6条）。また，自国民が世界遺産を評価し尊重することを強化する為の教育・広報活動に務める（同27条）などの責務があります。
　ユネスコの世界遺産に関する基本的な考え方は，すべてこの世界遺産条約に反映されており，世界遺産委員会など世界の文化遺産および自然遺産の保護のための政府間委員会の運営ルールについては，別途，世界遺産条約履行の為の作業指針（Operational Guidelines for the Implementation of the World Heritage Convention）のガイドラインに基づいて履行されています。
　ユネスコの世界遺産に関する事務局（Secretariat）は，ユネスコ事務局世界遺産センター（The UNESCO World Heritage Centre）が務めています。ユネスコ事務局世界遺産センターは，世界遺産条約履行に関連した活動の事務局業務を行う為，1992年にパリのユネスコ本部内に設立されました。所長は，イタリア人で建築・都市計画家のフランチェスコ・バンダリン氏（2000年9月～　）。総会，世界遺産委員会，世界遺産委員会ビューロー会議を取り仕切るほか，世界遺産への登録準備に際しての締約国へのアドバイス，締約国からの技術援助の要請に伴う対応，世界遺産の保全状況の報告や世界遺産地の緊急事態への対応などの調整，世界遺産基金の管理などのほか，技術セミナーやワークショップの開催，世界遺産リストとデータベースの更新，世界遺産の啓蒙活動も行っています。
　また，ユネスコ内部においては，文化セクターの有形文化遺産部門，科学セクターの生態科学部門と，外部においては，3つの助言団体である，IUCN（国際自然保護連合），ICOMOS（国際記念物遺跡会議），ICCROM（国際文化財保存修復研究センター），それに，OWHC（世界遺産都市連盟），ICOM（国際博物館協議会）などの組織とも協力関係にあります。

世界遺産委員会

　世界遺産委員会は，通常2年に1回開催される世界遺産条約締約国の総会（General Assembly of States Parties）で選任された21か国の委員国で構成されています。世界遺産委員会は，毎年1回12月に，準備会合としてのビューロー会議（7か国）が年2回，6月と11月に開催されてきました。

　第24回世界遺産委員会で，世界遺産センターへの登録申請書類の提出期限，世界遺産委員会ビューロー会議並びに世界遺産委員会の開催サイクルが変更になり，世界遺産委員会は，毎年1回6月に，ビューロー会議が年1回，4月に開催されることになりました。

　世界遺産委員会（The World Heritage Committee）は，各締約国から提出された推薦物件に基づいて，新たに世界遺産リストに登録すべき物件や危機にさらされている世界遺産リストに登録すべき物件の決定，次年度の世界遺産基金の予算の決定，既に世界遺産リストに登録されている物件の保全状態の監視（Monitoring），世界遺産保護の為の締約国からの国際的援助の要求の審査，方針の決定などを行います。同委員会の決定は，出席し，かつ，投票する委員国の3分の2以上の多数決で行われます。

　また，世界遺産委員会が供与する国際的援助は，調査・研究，専門家派遣，研修，機材供与，資金協力などの形をとっています。

　世界遺産委員会は，21か国の委員国で構成されており，任期は6年，2年毎に3分の1が交代します。2002年1月現在の世界遺産委員会の委員国は，○ギリシャ，ジンバブエ，◎フィンランド，○ハンガリー，△メキシコ，韓国，○タイ（任期　第32回ユネスコ総会の会期終了＜2003年11月頃＞まで），ベルギー，中国，コロンビア，○エジプト，ポルトガル，○南アフリカ（任期　第33回ユネスコ総会の会期終了＜2005年11月頃＞まで），アルゼンチン，インド，レバノン，ナイジェリア，オーマン，ロシア連邦，セントルシア，イギリス（任期　第34回ユネスコ総会の会期終了＜2007年11月頃＞まで）（◎：議長国，○：副議長国，△：ラポルトゥール（書記国））です。

　2001年の12月にフィンランドのヘルシンキで開催された第25回世界遺産委員会では，議長国は，フィンランドが，報告者（ラポルトゥール）は，メキシコが，副議長国は，ギリシャ，ハンガリー，タイの5か国が務めました。

　第1回目の世界遺産委員会は，1977年6月にフランスのパリで開催され，2001月12月にフィンランドのヘルシンキで開催された第25回世界遺産委員会まで，通算25回の委員会が開催されています。第26回世界遺産委員会は，前述したように，開催サイクルが変更になったため，2002年6月にハンガリーのブタペストにて開催され，以後毎年6月に開催される予定です。

　毎年，新たな物件が世界遺産リストに登録されており，その数は，年によって異なっています。これまでに最も多かったのが第24回の61物件，最も少なかったのは第13回の7物件です。

世界遺産リスト

　世界遺産リスト（The World Heritage List）とは，ユネスコの世界遺産委員会が顕著な普遍的価値があると認め登録した世界遺産の一覧表のことです。

　自然遺産には，ロイヤル・チトワン国立公園（ネパール），ユングフラウ・アレッチ・ビエッチホルン（スイス），グレート・バリア・リーフ（オーストラリア），カムチャッカの火山群（ロシア），キリマンジャロ国立公園（タンザニア），カナディアン・ロッキー山脈公園（カナダ），グランド・キャニオン国立公園（アメリカ合衆国），ガラパゴス諸島（エクアドル），セラード保護地域（ブラジル）など144物件が登録されています。

　文化遺産には，イスファハンのイマーム広場（イラン），サマルカンド・文明の十字路（ウズベキスタン），タージ・マハル（インド），アンコール（カンボジア），雲崗石窟（中国），慶州

の歴史地域（韓国），アテネのアクロポリス（ギリシャ），ローマの歴史地区（イタリア），パリのセーヌ河岸（フランス），アルタミラ洞窟（スペイン），ワインの産地アルト・ドウロ地域（ポルトガル），ブリュッセルのグラン・プラス（ベルギー），ブレナヴォンの産業景観（イギリス），ウィーンの歴史地区（オーストリア），プラハの歴史地区（チェコ），ブダペストのドナウ河畔とブダ城地域（ハンガリー），スオメンリンナ要塞（フィンランド），アブシンベルからフィラエまでのヌビア遺跡群（エジプト），自由の女神像（アメリカ合衆国），テオティワカン古代都市（メキシコ），オールド・ハバナと要塞（キューバ），ナスカおよびフマナ平原の地上絵（ペルー）など554物件が登録されています。

複合遺産には，黄山（中国），ウルル―カタ・ジュタ国立公園（オーストラリア），ギョレメ国立公園とカッパドキア（トルコ），ピレネー地方―ペルデュー山（フランス・スペイン），ラップ人地域（スウェーデン），マチュ・ピチュの歴史保護区（ペルー）など23物件が登録されており，ユネスコの世界遺産の総数は，2002年1月現在，721物件になりました。

自然遺産とは

自然遺産（Natural Heritage）とは，無生物，生物の生成物，または，生成物群からなる特徴のある自然の地域で，鑑賞上，または，学術上，顕著な普遍的価値を有するもの，そして，地質学的，または，地形学的な形成物および脅威にさらされている動物，または，植物の種の生息地，または，自生地として区域が明確に定められている地域で，学術上，保存上，または，景観上，顕著な普遍的価値を有するものと定義することが出来ます。

自然遺産には次の4つの登録基準があり，これらのうち1つ以上を満たしている必要があります。

(ⅰ) 地球の歴史上の主要な段階を示す顕著な見本であるもの。これには，生物の記録，地形の発達における重要な地学的進行過程，或は重要な地形的，または，自然地理的特性などが含まれる。

(ⅱ) 陸上，淡水，沿岸，及び，海洋生態系と動植物群集の進化と発達において，進行しつつある重要な生態学的，生物学的プロセスを示す顕著な見本であるもの。

(ⅲ) もっともすばらしい自然的現象，または，ひときわすぐれた自然美をもつ地域，及び，美的な重要性を含むもの。

(ⅳ) 生物多様性の本来的保全にとって，もっとも重要かつ意義深い自然生息地を含んでいるもの。これには，科学上，または，保全上の観点から，すぐれて普遍的価値をもつ絶滅の恐れのある種が存在するものを含む。

自然遺産は，現在，144物件ありますが，イエローストーン（アメリカ合衆国），ガラパゴス諸島（エクアドル），シミエン国立公園（エチオピア），ナハニ国立公園（カナダ）の4物件が第2回世界遺産委員会で初めて登録されました。

自然遺産は，その登録基準の内容からもわかる通り，生態系，生物種，種内（個体群，遺伝子）など生物多様性の保全との関わりから生物多様性条約（Convention on Biological Diversity），特に水鳥の生息地として国際的に重要な湿地に関するラムサール条約（Ramsar Convention）などの国際条約とも関連があります。

文化遺産とは

文化遺産（Cultural Heritage）とは，歴史上，芸術上，または，学術上，顕著な普遍的価値を有する記念物，建築物群，記念的意義を有する彫刻および絵画，考古学的な性質の物件および構

造物，金石文，洞穴居ならびにこれらの物件の組合せで，歴史的，芸術上，または，学術上，顕著な普遍的価値を有するものと定義することが出来ます。

遺跡（Sites）とは，自然と結合したものを含む人工の所産および考古学的遺跡を含む区域で，歴史上，芸術上，民族学上，または、人類学上顕著な普遍的価値を有するものをいいます。

建造物群（Groups of buildings）とは，独立し，または，連続した建造物の群で，その建築様式，均質性，または，景観内の位置の為に，歴史上，芸術上，または，学術上顕著な普遍的価値を有するものをいいます。

記念物（Monuments）とは，建築物，記念的意義を有する彫刻および絵画，考古学的な性質の物件および構造物，金石文，洞穴居ならびにこれらの物件の組合せで，歴史的，芸術上，または，学術上，顕著な普遍的価値を有するものをいいます。

文化遺産には次の6つの登録基準があり，これらのうち1つ以上を満たしている必要があります。
(ⅰ)人類の創造的天才の傑作を表現するもの。
(ⅱ)ある期間を通じて，または，ある文化圏において，建築，技術，記念碑的芸術，町並み計画，景観デザインの発展に関し，人類の価値の重要な交流を示すもの。
(ⅲ)現存する，または，消滅した文化的伝統，または，文明の，唯一の，または，少なくとも稀な証拠となるもの
(ⅳ)人類の歴史上重要な時代を例証する，ある形式の建造物，建築物群，技術の集積，または，景観の顕著な例。
(ⅴ)特に，回復困難な変化の影響下で損傷されやすい状態にある場合における，ある文化（または，複数の文化）を代表する伝統的集落，または，土地利用の顕著な例。
(ⅵ)顕著な普遍的な意義を有する出来事，現存する伝統，思想，信仰，または，芸術的，文学的作品と，直接に，または，明白に関連するもの。

人類の英知と人間活動の所産を様々な形で語り続ける文化遺産は，現在，554物件あります。アーヘン大聖堂（ドイツ），キト市街（エクアドル），クラクフの歴史地区（ポーランド），ゴレ島（セネガル），ヴィエリチカ塩坑（ポーランド），メサ・ヴェルデ（アメリカ合衆国），ラリベラの岩の教会（エチオピア），ランゾー・メドーズ国立歴史公園（カナダ）の8物件が第2回世界遺産委員会で初めて登録されました。

また，1992年12月にアメリカ合衆国のサンタフェで開催された第16回世界遺産委員会で，「人間と自然環境との共同作品」を表わす文化的景観（Cultural Landscape）という概念が新たに加えられました。

文化的景観とは，「人間と自然環境との共同作品」とも言える景観のことです。文化遺産と自然遺産との中間的な存在で，現在は，文化遺産の分類に含まれており，次の3つのカテゴリーに分類することができます。
1) 庭園，公園など人間によって意図的に設計され創造されたと明らかに定義できる景観
2) 棚田など農林水産業などの産業と関連した有機的に進化する景観で，次の2つのサブ・カテゴリーに分けられます。
   ①残存する（或は化石）景観（a relict (or fossil) landscape）
   ②継続中の景観（continuing landscape）
3) 聖山など自然的要素が強い宗教，芸術，文化などの事象と関連する文化的景観

カディーシャ渓谷（聖なる谷）と神の杉の森（ホルシュ・アルゼ・ラップ）（レバノン），チャムパサックの文化的景観の中にあるワット・プーおよび関連古代集落群（ラオス），フィリピ

ンのコルディリェラ山脈の棚田（フィリピン），ウルル―カタ・ジュタ国立公園（オーストラリア），トンガリロ国立公園（ニュージーランド），アマルフィターナ海岸（イタリア），ポルトヴェーネレ，チンクエ・テッレと諸島（パルマリア，ティーノ，ティネット）（イタリア），ペストゥムとヴェリアの考古学遺跡とパドゥーラの僧院があるチレントとディアーナ渓谷国立公園（イタリア），クレスピ・ダッダ（イタリア），ティヴォリのヴィラ・デステ（イタリア），サン・テミリオン管轄区（フランス），シュリー・シュル・ロワールとシャロンヌの間のロワール渓谷（フランス），ピレネー地方―ペルデュー山（フランス／スペイン），アランフエスの文化的景観（スペイン），シントラの文化的景観（ポルトガル），ワインの産地アルト・ドウロ地域（ポルトガル），ブレナヴォンの産業景観（イギリス），エーランド島南部の農業景観（スウェーデン），デッサウ-ヴェルリッツの庭園王国（ドイツ），ザルツカンマーグート地方のハルシュタットとダッハシュタインの文化的景観（オーストリア），ワッハウの文化的景観（オーストリア），フェルト・ノイジィードラーゼーの文化的景観（オーストリア／ハンガリー），ホルトバージ国立公園（ハンガリー），レドニツェとバルチツェの文化的景観（チェコ），カルヴァリア ゼブジドフスカ:マンネリスト建築と公園景観それに巡礼公園（ポーランド），クルシュ砂州（リトアニア／ロシア），スクルの文化的景観（ナイジェリア），アンボヒマンガの王丘（マダガスカル），ツォディロ（ボツワナ），ヴィニャーレス渓谷（キューバ），キューバ南東部の最初のコーヒー農園の考古学的景観（キューバ）などがこの範疇に入ります。

わが国の文化財のカテゴリーでは，庭園，橋梁，峡谷，海浜，山岳などの名勝に指定されているものが，この概念に近いといえます。

複合遺産とは

自然遺産と文化遺産の両方の要件を満たしている物件が複合遺産（Cultural and Natural Heritage あるいはMixed Properties）で，最初から複合遺産として登録される場合と，はじめに，自然遺産，あるいは，文化遺産として登録され，その後，もう一方の遺産としても評価されて複合遺産となった物件があります。

例えば，トンガリロ国立公園（ニュージーランド）やリオ・アビセオ国立公園（ペルー）は，最初に，自然遺産として登録され，その後，文化遺産としても登録されて，結果的に複合遺産になりました。

複合遺産は，世界遺産条約の本旨である自然と文化との結びつきを代表するもので，ティカル国立公園（グアテマラ）が第3回世界遺産委員会で初めて複合遺産に登録されて以来，現在，23物件あります。

その後，ギョレメ国立公園とカッパドキア，ヒエラポリスとパムッカレ（トルコ 2物件），泰山，黄山，峨眉山と楽山大仏，武夷山（中国 4物件），カカドゥ国立公園，ウィランドラ湖沼群地帯，タスマニア森林地帯，ウルル―カタ・ジュタ国立公園（オーストラリア 4物件），トンガリロ国立公園（ニュージーランド），アトス山，メテオラ（ギリシャ 2物件），ピレネー地方―ペルデュー山（フランス／スペイン），イビサの生物多様性と文化（スペイン），文化的・歴史的・自然環境をとどめるオフリッド地域（マケドニア），ラップ人地域（スウェーデン），タッシリ・ナジェール（アルジェリア），バンディアガラの絶壁（ドゴン人の集落）（マリ），オカシュランバ・ドラケンスバーグ公園（南アフリカ），マチュ・ピチュの歴史保護区，リオ・アビセオ国立公園（ペルー 2物件）が登録されています。

世界遺産条約の大きな特徴は，それまで，対立するものと考えられてきた自然と文化を，相互に依存したものと考え，共に保護していくことにもあります。それは，自然遺産と文化遺産の両方の価値を併せ持った，この複合遺産という考え方にも反映されています。

危機にさらされている世界遺産

　世界遺産委員会は，大火，暴風雨，地震，津波，洪水，地滑り，噴火などの大規模災害，内戦や戦争などの武力紛争，ダムや堤防建設，道路建設，鉱山開発などの開発事業，それに，入植，狩猟，伐採，海洋汚染，大気汚染，水質汚染などの自然環境の悪化による滅失や破壊など深刻な危機にさらされ緊急の保護措置が必要とされる物件を「危機にさらされている世界遺産リスト」（List of the World Heritage in Danger）に登録することができます。

　「危機にさらされている世界遺産リスト」にも，自然遺産，文化遺産のそれぞれに登録基準が項目別に設定されており，危機が顕在化している確認危険（Ascertained Danger）と危機が潜在化している潜在危険（Potential Danger）に大別されます。

　ユネスコの危機にさらされている世界遺産リストには，現在31物件（自然遺産18物件，文化遺産13物件）が登録されています。地域別に見ると，アフリカが13物件，アラブ諸国が5物件，アジア・太平洋地域が5物件，ヨーロッパ・北米が5物件，南米・カリブ海地域が3物件となっています。それらの物件を危機遺産に登録された順に列記すると，次のようになります。
（　）内は国名と危機遺産に登録された理由

コトルの自然・文化―歴史地域（ユーゴスラビア連邦共和国・地震），エルサレム旧市街と城壁（ヨルダン推薦物件・民族紛争），アボメイの王宮（ベナン・竜巻，雷雨），チャン・チャン遺跡（ペルー・エルニーニョ現象からの風雨による侵食・崩壊，不法占拠，盗掘），バフラ城塞（オマーン・脆い日干し煉瓦の為，崩壊，風化の危機の為），トンブクトゥー（マリ・砂漠化による侵食と埋没），ニンバ山厳正自然保護区（ギニア／コートジボワール・鉄鉱山開発，難民流入，森林伐採，不法放牧，河川の汚染），アイルとテネレの自然保護区（ニジェール・武力紛争，内戦），マナス野生動物保護区（インド・地域紛争，密猟），アンコール（カンボジア・内戦，浸食，風化，盗掘），サンガイ国立公園（エクアドル・道路建設），スレバルナ自然保護区（ブルガリア・堤防建設），エバーグレーズ国立公園（アメリカ合衆国・ハリケーン，人口増加，農業開発，水銀や肥料等による水質汚染），ヴィルンガ国立公園（コンゴ民主共和国・地域紛争，難民流入，密猟），イエローストーン（アメリカ合衆国・鉱山開発，水質汚染，ゴミなどの観光公害），リオ・プラターノ生物圏保護区（ホンジュラス・入植，農地化，商業地化），イシュケウル国立公園（チュニジア・ダム建設，都市化），ガランバ国立公園（コンゴ民主共和国・密猟，内戦，政情不安，森林破壊），シミエン国立公園（エチオピア・密猟，戦乱，農地の拡張，都市開発，人口増加），オカピ野生動物保護区（コンゴ民主共和国・武力紛争，森林の伐採，金の採掘，密猟），カフジ・ビエガ国立公園（コンゴ民主共和国・密猟，地域紛争，難民流入，過剰伐採に森林破壊，農地開拓，病気感染），ブトリント（アルバニア・内戦，略奪），マノボ・グンダ・サンフローリス国立公園（中央アフリカ・密猟），ルウェンゾリ山地国立公園（ウガンダ地域紛争），サロンガ国立公園（コンゴ民主共和国・密猟，住宅建設などの都市化），ハンピの建造物群（インド・つり橋建設，道路建設，農地化，自然破壊），ザビドの歴史都市（イエメン・都市化，劣化，コンクリート建造物の増加），ジュディ国立鳥類保護区（セネガル・サルビニア・モレスタ（オオサンショウモ）の繁殖），ラホールの城塞とシャリマール庭園（パキスタン・ラホール城の老朽化，都市開発，道路拡張に伴うシャリマール庭園の噴水の破損），フィリピンのコルディリェラ山脈の棚田（フィリピン・体系的な監視プログラムや総合管理計画の欠如），アブ・メナ（エジプト・土地改良に伴う水面上昇による溢水）。

　危機遺産になった理由としては，地震などの天災によるもの，民族紛争などの人災によるものなど多様です。危機から回避していく為には，戦争や紛争のない平和な社会を築いていかなければならないこと，そして，開発と保全のあり方も地球環境保護の視点から見つめ直していかなければなりません。

世界遺産条約は，毎年，新たな物件を世界遺産リストに登録していくことが究極の目的ではありません。地球と人類の脅威からこれらの物件を保護・保全し救済，修復していくのが，本来の趣旨のはずです。従って，「危機にさらされている世界遺産」を救済していくことこそがその本旨だといっても過言ではありません。

また，世界遺産条約を締約していない国と地域にも世界遺産リストに登録されている物件に匹敵するすばらしい物件が数多くあります。一方では，「危機にさらされている世界遺産リスト」に登録されている物件と同様に，天災や人災により深刻な危機に直面している物件も世界中に数多くあります。全地球的な観点に立つならば，今後，これらの物件をどのように扱い，どのように保護・保全していくかという大きな課題もあります。

世界遺産への登録手順

世界遺産への登録には，まず，世界遺産条約の締約国が，自国の自然遺産，文化遺産の中から顕著な普遍的価値を持つ物件を世界遺産委員会に推薦することから始まります。

自然遺産，文化遺産に共通する世界遺産への登録手順は，日本の場合，関係自治体の同意を得て，文部科学省，外務省，環境省，林野庁，文化庁，国土交通省，内閣府のメンバー等で構成される世界遺産条約関係省庁連絡会議で決定し，ユネスコ本部に世界遺産リストへの登録を希望する物件を推薦します。世界遺産リストへの登録は，世界遺産委員会の直前に開催される世界遺産委員会ビューロー会議（The Bureau of the World Heritage Committee 世界遺産委員会で選任された7か国で構成）での事前審査を経て，世界遺産委員会で審議・決定されます。

世界遺産への登録に際しての事前審査は，自然遺産については，IUCNが，科学者などの専門家を現地に派遣し，厳格な現地調査を含む評価報告書を作成，この評価報告書を基に，世界遺産委員会ビューロー会議が自然遺産の登録基準への適合性や保護管理体制について厳しい審査を行います。

IUCNとは，国際自然保護連合（International Union for Conservation of Nature and Natural Resources）の略称で，自然，特に，生物学的多様性の保全や絶滅の危機に瀕した生物や生態系の調査，環境保全の勧告などを目的とする国際的なNGO（非政府組織）で，絶滅のおそれのある動植物の分布や生息状況を初めて紹介した「レッド・データ・ブック」でも有名になりました。自然保護や野生生物保護の専門家の世界的なネットワークを通じて，自然遺産に推薦された物件の技術的評価や既に登録されている世界遺産の保全状況を世界遺産委員会に報告しています。1948年に設立され，現在，79か国，112政府機関，760の民間団体，それに181か国の10,000人に及ぶ科学者や専門家などがユニークなグローバル・パートナーシップを構成しています。本部は，スイスのグランにあります。

文化遺産と複合遺産については，イコモス（ICOMOS）が，建築や都市計画などの専門家を現地に派遣し，厳格な現地調査を含む評価報告書を作成，この評価報告書を基に，世界遺産委員会ビューロー会議が文化遺産の登録基準への適合性や保護管理体制について厳しい事前審査を行っています。

イコモス（ICOMOS）とは，国際記念物遺跡会議（International Council of Monuments and Sites）の略称で，人類の遺跡や建造物などの歴史的資産の保存・修復を目的として，1965年に設立されたパリに本部がある国際的なNGOのことです。大学，研究所，行政機関，コンサルタント会社に籍を置く建築や都市計画などの専門家のワールド・ワイドなネットワークを通じて，文化遺産に推薦された物件の技術的評価や既に登録されている世界遺産の保全状況を世界遺産委員会に報告しています。

世界遺産への登録は，国内での政府推薦までの諸手続き，ユネスコ事務局世界遺産センター

への書類の提出, その後のIUCNやICOMOSの調査と評価, 世界遺産委員会ビューロー会議での事前審査, 世界遺産委員会での審議・決定のプロセスを経て世界遺産リストに登録されるまで, 長い時間と地道な作業を伴います。

各締約国から推薦された物件は, すべて, 世界遺産委員会に推薦される訳ではなく, 事前の世界遺産委員会ビューロー会議で, IUCNやICOMOSの評価報告書を基に登録基準への適合性, 現在そして登録後の保護管理体制についても厳しい審査が行われています。

世界遺産としてふさわしい物件, 世界遺産としてはふさわしくない物件, 再考すべき物件などの選別が行われます。世界遺産としてふさわしい物件でも, 登録条件が付されたり改善へのアドバイスがなされ, 世界遺産委員会が開催される迄に, これらへの対応措置を求められることがあります。世界遺産委員会が開催される直近の会議で最終的な調整が行われ, 世界遺産委員会での審議・決定となります。

登録手順のフロー・チャートをP.29に掲載しておりますので, 参考にして下さい。

2001年の第25回世界遺産委員会では, 31物件（自然遺産 6物件, 文化遺産 25物件, 複合遺産 該当なし）が登録されましたが, 締約国からノミネートされた49物件（自然遺産 15物件, 文化遺産 30物件, 複合遺産 4物件）が事前審査の対象になりました。

従って, 18物件が, 顕著な普遍的価値の欠如, 登録基準への不適合, 保護管理体制の不備などの理由によって, 世界遺産委員会ビューロー会議から世界遺産委員会に推薦されなかったことになります。

また, 世界遺産は, 世界遺産リストに, 一度登録されると未来永劫なものであるかというと必ずしもそうではありません。世界遺産へ登録した物件の当初の基準や状況が, 何らかの原因や理由で滅失・損傷したりしますと世界遺産リストから削除, 抹消されるという手続き（Procedure for the eventual deletion of properties from the World Heritage List）がありますので留意しておく必要があります。

世界遺産基金

世界遺産基金（The World Heritage Fund）とは, ユネスコの世界遺産リストに登録された物件を国際的に保護・修復することを目的とした基金で, ユネスコの信託基金として設立されています。世界遺産条約が有効に機能している最大の理由は, この世界遺産基金を締約国に義務づけた分担金（ユネスコに対する分担金の1%を上限とする額）や, 各国政府の自主的拠出金, 団体・機関（法人）や個人からの寄付金を財源に世界遺産の保護・修復に関わる援助金を拠出できることであり, 締約国からの要請に基づいて世界遺産委員会が世界遺産条約履行の為の作業指針に基づいて効果的な国際援助（International Assistance）を行います。

日本は, 世界遺産基金への分担金として, 締約時の1993年には, 762,080米ドル（1992年／1993年分を含む）, その後, 1994年 395,109米ドル, 1995年 443,903米ドル, 1996年 563,178米ドル, 1997年, 571,108米ドル, 1998年 641,312米ドル, 1999年 677,834米ドル, 2000年 680,459米ドルを拠出しており, 現在, 世界第1位の拠出国になっています。因みに2001年の分担金または任意拠出金の支払上位国は, 日本 598,804米ドル, アメリカ 598,804米ドル, ドイツ 352,342米ドル, フランス 233,207米ドル, イギリス 199,674米ドル, イタリア 182,662米ドル, カナダ 92,270米ドル, スペイン 90,855米ドル, ブラジル 79,995米ドル, オランダ 62,684米ドル, 韓国 61,976米ドル, オーストラリア 58,656米ドル, 中国 55,253米ドル, スイス 45,672米ドル, ロシア連邦 43,032米ドル, アルゼンチン 41,454米ドル, ベルギー 40,746米ドルなどです。

この世界遺産基金は，世界遺産リストに推薦すべき世界遺産の事前調査費用に対する援助（Preparatory Assistance），大地震等の不慮の事態により危機にさらされている遺産の保護・保存のための緊急援助（Emergency Assistance），自然遺産，文化遺産の保護，保全などの研修コースの開催などの技術者研修（Training），保護や保全のための機材購入，修復・補修，専門家の派遣などの技術援助（Technical co-operation）などに使われています。既に，この世界遺産基金は，「万里の長城」（中国），「アンティグア・グアテマラ」（グアテマラ），「ラ・アミスタッド国立公園」（パナマ），「アレキパ市の歴史地区」（ペルー）などへの国際援助で実績をあげています。

世界遺産は普遍的でボーダーレス

　世界遺産は，普遍的でボーダーレスなものです。締約国の国境を越え2国にまたがる物件は現在，14物件あります。ローマの歴史地区，教皇領とサンパオロ・フォーリ・レ・ムーラ大聖堂（イタリアとヴァチカン），ピレネー地方-ペルデュー山（フランスとスペイン），ベラベジュスカヤ・プッシャ／ビャウォヴィエジャ森林（ベラルーシとポーランド），アッガテレクとスロヴァキア・カルストの洞窟群（ハンガリーとスロバキア），フェルト・ノイジィードラーゼーの文化的景観（オーストリアとハンガリー），ニンバ山厳正自然保護区（ギニアとコートジボワール），ヴィクトリア瀑布（ザンビアとジンバブエ），クルエーン／ランゲルーセントエライアス／グレーシャーベイ／タッシェンシニ・アルセク（カナダとアメリカ合衆国），ウォータートン・グレーシャー国際平和自然公園（カナダとアメリカ合衆国），タラマンカ地方-ラ・アミスタッド保護区群／ラ・アミスタッド国立公園（コスタリカとパナマ），グアラニー人のイエズス会伝道所（アルゼンチンとブラジル），イグアス国立公園（アルゼンチンとブラジル）。サンティアゴ・デ・コンポステーラへの巡礼道（スペインとフランス）。このうちイグアス国立公園とサンティアゴ・デ・コンポステーラへの巡礼道は，2つの国がそれぞれの物件として登録しています（イグアス国立公園　アルゼンチン 1984年，ブラジル 1986年），（サンティアゴ・デ・コンポステーラへの巡礼道　スペイン 1993年　フランス 1998年）。

　後述する日本の世界遺産の中でも，白神山地（青森県と秋田県），白川郷・五箇山の合掌造り集落（岐阜県と富山県），古都京都の文化財（京都府の京都市，宇治市と滋賀県の大津市），琉球王国のグスク及び関連遺産群（沖縄県の国頭郡今帰仁村，中頭郡読谷村，中頭郡勝連町，中頭郡北中城村・中城村，那覇市，島尻郡知念村）は，行政区域の県境や市町境を越えて立地しています。

　このように世界遺産は，国境，県境，市町境など境界を越えた普遍的でボーダーレスなものです。

世界遺産は地球と人類の至宝

　地球が誕生してから46億年，人類が誕生してから500万年になります。地球は，大気，水，土壌と多様な遺伝子，種，生態系，景観などによって支えられている一つの生命体です。地球と人類が残した世界遺産は，先行きが不透明で混迷する現代社会に，銀河系の太陽や星，そして，地球の衛星である月の様に普遍的な輝きを照射し，新たな方向性を示唆してくれているように思えます。世界遺産の選定方法や優先順序などについては，様々な意見もありますが，太古から現代社会，そして，未来社会へと継承していくべき地球と人類の至宝なのです。

　核兵器等大量破壊兵器の不拡散，世界各地での地域紛争，地球規模問題と呼ばれる難民問題，地球温暖化などにより懸念される生態系のバランスの崩壊と生物多様性の喪失などの地球環境問題，民族・宗教の対立による国際テロ等の諸問題や課題への対応が必要です。

世界遺産は，本来，人類が残した偉大で賞賛すべき，顕著な普遍的価値を持つ真正なものばかりですが，逆に，人類が犯した二度と繰り返してはならない悲劇の証明ともいえる世界遺産もあります。

これらには，15～19世紀の植民地主義時代，西欧列強による黒人奴隷売買の舞台となったアフリカのセネガルの「ゴレ島」や「サン・ルイ島」，ガーナの「ボルタ，アクラ，中部，西部各州の砦と城塞」，17世紀に奴隷貿易の拠点として繁栄したキューバの「トリニダード」，16～18世紀，先住民にとっては隷属の象徴であった銀山のあるボリビアの「ポトシ」，16～17世紀，先住民から略奪した金，銀，財宝が積み出されたコロンビアの「カルタヘナ」などの物件があります。

一方，第二次世界大戦中，ドイツがユダヤ人や共産主義者を大量虐殺したポーランドの「アウシュヴィッツ強制収容所」，太平洋戦争末期の1945年8月6日にアメリカが広島市上空に投下した原子爆弾で被災した「広島の平和記念碑（原爆ドーム）」の2つは，戦争の悲惨さを示すショッキングな戦争遺跡（war-related sites）で，人間が起した戦争の愚かしさを人類に警告するマイナスの遺産なので，負の遺産（legacy of tragedy）とも言われています。

負の遺産は，世界遺産条約，それに，世界遺産条約を履行していく為の指針の中で，定義されているわけではありません。また，いわゆる負の遺産を世界遺産にすることについては異論も多々ありますが，人類が二度と繰り返してはいけない顕著な普遍的価値をもつ代表的な史跡やモニュメントを保存していくことも大変，重要なことです。

日本の世界遺産

わが国には，ユネスコの世界遺産は，現在，11物件（自然遺産が2物件，文化遺産が9物件）あります。これらを北から見てみると，世界最大級のブナ原生林の「白神山地」（自然遺産・1993年），徳川将軍の祖を祀る霊廟の地「日光の社寺」（文化遺産・1999年），日本の心のふるさとともいえるノスタルジックな「白川郷・五箇山の合掌造り集落」（文化遺産・1995年），かつて日本の首都平安京であった「古都京都の文化財」（文化遺産・1994年），いにしえの都「古都奈良の文化財」（文化遺産・1998年），世界最古の木造建造物のある「法隆寺地域の仏教建造物」（文化遺産・1993年），日本を代表する城郭建築の「姫路城」（文化遺産・1993年），人類史上初めて使用された核兵器の惨禍を伝える「広島の平和記念碑（原爆ドーム）」（文化遺産・1996年），日本三景の一つ宮島の「厳島神社」（文化遺産・1996年），樹齢7200年といわれる縄文杉のある「屋久島」（自然遺産・1993年），一つの国家として独自の文化と歴史を刻んだ「琉球王国のグスク及び関連遺産群」（文化遺産・2000年）という分布になっています。

これらの物件に共通することは，どんなに立派な現代建築物や人工の公園にも模倣の出来ない日本の原風景，本物の粋美や主張をそれぞれに発見することができるということです。

世界遺産締約国は，世界遺産委員会から5～10年以内に世界遺産に登録する為の推薦候補物件について，暫定リスト（Tentative List）の目録を提出することが求められています。わが国は，既に世界遺産リストに登録された11物件の他に，「古都鎌倉の寺院・神社」，「彦根城」の2物件がノミネートされていましたが，2000年9月22日　文化財保護審議会（現 文化審議会）は，ユネスコの世界遺産の候補といえる「暫定リスト」への追加対象を検討するための特別委員会を設置することを決定。2000年9月27日，文化財保護審議会世界遺産条約特別委員会（座長坪井清足元興寺文化財研究所所長）の初会合が開催され，ユネスコ世界遺産センターに提出する「暫定リスト」への追加対象について検討を行い，2000年11月17日に，「平泉の文化遺産」，「紀伊山地の霊場と参詣道」，「石見銀山遺跡」の3物件が選定され，2001年3月に外務省を通じてユネスコ世界遺産センターに新たな暫定リストが提出されました。

日本には，これらの他にも，大雪山国立公園，日高山脈襟裳国定公園，知床国立公園，釧路湿原国立公園，摩周湖（北海道），尾瀬（福島県・群馬県・新潟県），小笠原諸島（東京都），志賀高原（長野県），富士山（静岡県・山梨県），白山国立公園（石川県・岐阜県・富山県・福井県），琵琶湖（滋賀県），瀬戸内海（兵庫県・岡山県・広島県・香川県・愛媛県など），鳥取砂丘（鳥取県），秋吉台と秋芳洞（山口県），四国霊場八十八か所（徳島県・高知県・愛媛県・香川県），阿蘇山（熊本県），吉野ケ里遺跡（佐賀県），南西諸島（沖縄県）など世界に誇れる自然環境や文化財が各地に数多くあり，今後も，より多くの物件がユネスコの世界遺産に登録されていくことが期待されています。

　ユネスコの世界遺産は，顕著な普遍的価値をもつ世界の自然や文化のお手本ばかりです。国立公園，島，峡・渓谷，石灰岩台地，洞窟，自然・森林・動物・鳥類・生物などの保護区，自然景観，古都，歴史地域・地区，町並み，城郭，神社・寺院・教会，集落，文化的景観，産業遺産，近代建築物など多様で多彩です。

　日本国内の自然環境や文化が，世界遺産として登録されるということは，あらためて身近な自然や文化を見直すきっかけになるとともに，世界の目からも常に監視されるため，その保護・保全のために，より一層の努力が求められることと責任を負うということにつながっているのです。

　世界遺産は，世界遺産地を国内外にアピールできる絶好の機会となることも確かですが，世界のお手本を学んでいくことを通じ，自分達が住んでいる身近な自然や文化をグローバルな視点から見つめ直し，国土づくりや地域づくりに反映していくことができれば，社会的にも大変意義のあることです。

　世界遺産の要件や登録手順については，前述した通りですが，私共の講演での質問や事務局に寄せられる相談のなかで，特に多いのが，世界遺産化への可能性についての質問です。

　現在，世界遺産は，721物件ありますが，世界遺産化への可能性を検討する上で前提になるのが，その物件が，顕著な普遍的価値をもつ真正（authenticity）で信頼できるものであることを立証する必要があることです。

　第一段階として，これらの物件との類似点や相違を見つけ出していくことです。前述したように，自然遺産には，4つの，文化遺産には，6つの登録基準があります。従って，前者には，15通りの，後者には，63通りの登録パターンがあることになります。まず，これらのグループに属する物件と保護・保全の状況も含めて比較分析してみるとわかりやすいと思います。

　第二段階としては，世界遺産としての価値を将来にわたって継承していく為に，現行の自然公園法（国立公園，国定公園，都道府県立自然公園）や自然環境保全法，あるいは，文化財保護法（国宝・重要文化財，史跡・名勝・天然記念物・重要伝統的建造物群などに指定・選定された建造物や記念物など）など法的保護や管理措置が講じられているかどうかという確認です。

　第三段階としては，世界遺産化への取り組みをどのような体制でどのように推進していくかということです。最終的には地元の住民や自治体の熱意とコンセンサスが結集したものになるはずですが，誰が発意し，どのようなタイム・スケジュールで世界遺産化を進めていくかということになります。

世界遺産は国土・地域・まちづくりの原点

　世界遺産は，単に，ユネスコの世界遺産に登録され国際的な認知を受けることだけが目的ではありません。人類の財産として，国内的にも恒久的に保護・保存し，整備し，次世代に継承していくことが自国に課された義務でもあります。

　従って，世界遺産の存在意義を国民生活や地域社会において一定の役割を与えること，そし

て，世界遺産の持続的な保護・保全，整備のあり方を国土，地域，市町村の総合計画，環境基本計画，地域防災計画などの諸計画にも反映し，かつ，地域振興にも活用していくことがきわめて重要です。

国土庁（現国土交通省）が策定する『21世紀の国土のグランドデザイン－新しい全国総合開発計画』は，「生活の豊かさと自然環境の豊かさの両立する世界に開かれた活力ある国土」づくりを基本的なコンセプトにしています。21世紀の国土づくりは，これまでの開発優先の考え方から，これまでに造り上げてきたものを大切に保全し，あるいは，利活用していく考え方に転換していくように思われます。

しかしながら，日本の世界遺産地には，豪雪地帯，山村，離島など地理的にもハンディキャップがあり，また，高齢化と人口減少による後継者難など数多くの問題を抱えている所もあります。そんな中で，派手な宣伝やキャンペーンを行わなくても，毎年，数多くの人々が，全国，そして，世界各地から新たな発見と感動を求めてこれらの地を訪れており，むしろ，対応に苦慮されている光景も見受けられます。

世界遺産を通じての国際貢献

世界遺産の保護や保全について考えることは，オゾン層の破壊，気候の温暖化，生物多様性の保全など広義の地球環境問題を考えることでもあります。日本の国際貢献のあり方，なかでも，国際機関に対する出資・拠出や2国間援助など政府開発援助（Official Development Assistance＝ODA）による経済協力あり方も開発途上国のインフラ整備の為だけではなく，これらの国々の自然環境や文化財の保護にも十分配慮していく必要があります。

また，政府とは異なる国民の立場から国際協力，支援活動を行っている非営利の民間団体NGO（Non-Govenmental Organization）を育成し，国民参加型の国際援助活動を推進していくことも大きなパワーに繋がります。

アジア・太平洋地域には，数多くの世界遺産（アジア地域には18か国に120物件，オセアニア地域には3か国に18物件）があります。わが国と東アジア地域とは，地理的な近接性もあり，歴史的，文化的にも関係が深いものがあります。わが国としては，西アジアや中央アジアも含めたアジア地域，オーストラリアやニュージーランドなどのオセアニア地域も視野に入れて，これらの地域で多くの世界遺産を有するインド，中国，オーストラリアなどとの国際連携のなかで，世界遺産の保護・保全を通じた国際交流と地域間交流を展開していくことも，大変意義のあることです。

世界遺産学のすすめ

「世界遺産学」という学問は，きわめて学際的で博物学的なものです。自然学，地理学，地形学，地質学，生物学，生態学，人類学，考古学，歴史学，民族学，民俗学，宗教学，言語学，都市学，建築学，芸術学，国際学など地球と人類の進化の過程を学ぶ総合学問であり，いわば，「学びの森」でもあります。

世界遺産を有する国も120か国を越えています。各々の国で，地勢，気候，言語，民族，宗教，歴史など成り立ちも異なりますが，それぞれに，すばらしい芸術，音楽，文学，舞踊などの伝統文化と歴史風土が根づいています。

ユネスコの世界遺産は，約35億年前の先カンブリア時代の地層からバクテリアおよびラン藻と思われる化石が発見された「西オーストラリアのシャーク湾」（オーストラリア），アウストロラロピテクスやホモ・ハビリスが発見された「スタークフォンテン，スワークランズ，クロ

ムドラーイと周辺の人類化石遺跡」(南アフリカ)、それに、「周口店の北京原人遺跡」(中国)、ジャワ原人の化石が発掘された「サンギラン初期人類遺跡」(インドネシア)など人類の起源ともいえる先史時代の遺跡から、20世紀のものでは、近代建築運動の先駆けとなった「ワイマールおよびデッサウにあるバウハウスおよび関連遺産群」(ドイツ)、人類が犯した過ちの証明ともいえる「アウシュヴィッツ強制収容所」(ポーランド)や広島の「原爆ドーム」(日本)、1960年4月にリオデジャネイロからの遷都で誕生した首都「ブラジリア」(ブラジル)の都市計画と現代建築物に至るまで時代を超越したものです。

また、人類の遺産は、その時代時代を生きた人間の所産や縁の伝言でもあります。ユダヤ教、キリスト教、イスラム教の聖地でイエス・キリストゆかりの地「エルサレムの旧市街と城壁」(ヨルダン推薦物件)、中国の偉大な思想家孔子の「曲阜の孔子邸・孔子廟・孔子林」(中国)、釈迦生誕地「ルンビニー」(ネパール)、アメリカ大陸を発見したコロンブスが最初に建設した植民都市「サント・ドミンゴ」(ドミニカ共和国)、ドイツの宗教改革家マルティン・ルターゆかりのアイスレーベンとヴィッテンベルクにある「ルター記念碑」、ガリレオが重力実験を行った斜塔がある「ピサのドゥオーモ広場」(イタリア)、チャールズ・ダーウィンの進化論で有名な「ガラパゴス諸島」(エクアドル)、イギリスの詩人バイロンの詩でも紹介される「シントラの文化的景観」(ポルトガル)など枚挙に暇がありません。

かけがえのない地球、そして、先人達が築いてきた人類の偉大な遺産として認知された世界遺産は、自国の遺産としてだけではなく、国家を超えて保護・保存し、未来へ継承していかなければなりません。

この事の原点には、世界の平和が維持されていることが前提になります。第二次世界大戦などの戦禍で世界各地の貴重な自然や文化財が数多く失われました。冷戦集結後の今日も、民族間や宗教間の争い、国家間の領土紛争など国家、人間のエゴイズムによるもめ事が、しばしば、世界遺産を危機にさらしています。

世界遺産は、地球と人類が残した偉大な自然や文化など文明の証明でもあり、人間による経済活動や開発行為に起因する地球環境問題とも無縁ではありません。これまでの国土開発や地域開発では、経済活動や開発行為が優先し、自然や文化がしばしば後手に廻ることが多かった様に思いますが、自然や文化など人間環境の保護・保全を前提にした経済活動や開発行為のあり方を考えていくことも重要です。

21世紀のわが国の国土づくりや地域、都市、まちの整備のあり方、自然、文化、経済、開発などの社会システムのあり方、それに、生涯学習、学校教育、社会教育のあり方も、ユネスコの教育、科学、文化の理念や世界遺産のコンセプト(概念)を積極的に採り入れてみてはどうでしょうか。

世界遺産から地球遺産へ

1997年に開催されたユネスコの第29回総会において、「人類の口承遺産の傑作」の宣言という国際的栄誉を設けるための決定が採択され、その後、1998年の第154回執行委員会会議において、「及び無形」を付け加えた「人類の口承及び無形遺産の傑作の宣言」(proclaiming masterpieces of the oral and intangible heritage of humanity)の規約が採択されました。

これを受けて、わが国は、2000年12月に成立年代が最も古く、古典的形式の整った芸能である「能楽」を推薦候補とし、人形浄瑠璃文楽及び歌舞伎を暫定リストとして外務省を通じユネスコに提出しました。

ユネスコでは、各加盟国から提出された候補について、選考委員会による審査を行い、2001年5月に第1回の宣言を行い、日本の「能楽」、中国の「崑曲」、インドの「クーディヤータム・

サンスクリット語劇」、イタリアの「オペラ・デイ・プーピ、シチリアのあやつり人形劇」、リトアニアの「十字架工芸とそのシンボル」、ボリビアの「オルロ・カーニバル」など20か国の19件が初指定されました。

また、これら19件のうち、モロッコ・マラケシュの「ジャマ・エル・フナ広場の文化空間」、大韓民国・ソウルの「宗廟の旧王朝儀礼と儀礼音楽」、フィリピン・コルディリェラの「イフガオ族のハドハド詠歌」、スペイン・エルチェの「エルチェの神秘劇」は、いわゆる世界遺産の登録物件と関わりのあるものです。

「人類の口承遺産の傑作」は、いわゆる世界遺産の範疇とは異なるものですが、実質的には、世界遺産の無形遺産版ともいえるすばらしいものばかりです。

将来的には、有形遺産と無形遺産に分離しないで、一体の文化遺産としてとらえる視点が必要で、「世界遺産リスト」への統合化も検討してはどうかと思います。

この様に地球と人類が残した遺産は、この他にも、かけがえのない地球上の動物や植物の生物圏、人類の歴史を記録した歴史資料なども失われてはならないものであり、これらをグローバルに幅広くとらえ、「世界遺産」から「地球遺産」として未来へと継承していく必要があります。

おわりに

次章以降では、ユネスコの世界遺産の多様性を学んでいただくよう、2001年の第25回世界遺産委員会ヘルシンキ会議と2000年の第24回世界遺産委員会ケアンズ会議で、新たに「世界遺産リスト」に登録された物件を中心に、「多様な世界遺産」25物件を選び、そのプロフィールをご紹介したいと思います。

また、「世界遺産との出会いとこれから」、「富士山の世界遺産化を考える」、「世界遺産化への取り組み」、「世界遺産学のすすめ」と論じ、「資料編」として、世界遺産全物件リスト（地域別・国別）を掲載致しました。

当シンクタンクでは、これまでに世界遺産に関連した文献を数多く発刊してきました。巻末にご案内した「世界遺産」シリーズ、それに、わが国の「誇れる郷土」シリーズのデータベース化もほぼ完了し、それぞれのデータの体系化を進めています。

今後も「世界遺産」シリーズについては、1998年9月に設置した世界遺産総合研究センターをコアにシステマティックな調査研究体制の構築とインターネットを駆使したワールド・ワイドなネットワークを一層強化し、多角的、そして、多面的な調査を進め、逐次、研究成果を発表していきたいと考えております。

☞　「世界遺産ガイド－世界遺産条約編－」（シンクタンクせとうち総合研究機構　発行）
　　「世界遺産事典　－関連用語と全物件プロフィール－」（シンクタンクせとうち総合研究機構　発行）
　　「世界遺産データ・ブック　－2002年版－」（シンクタンクせとうち総合研究機構　発行）
　　「世界遺産Q&A　－世界遺産の基礎知識－」（シンクタンクせとうち総合研究機構　発行）
　　「日本ふるさと百科　－データで見るわたしたちの郷土－」（シンクタンクせとうち総合研究機構　発行）
　　「誇れる郷土ガイド」（シンクタンクせとうち総合研究機構　発行）

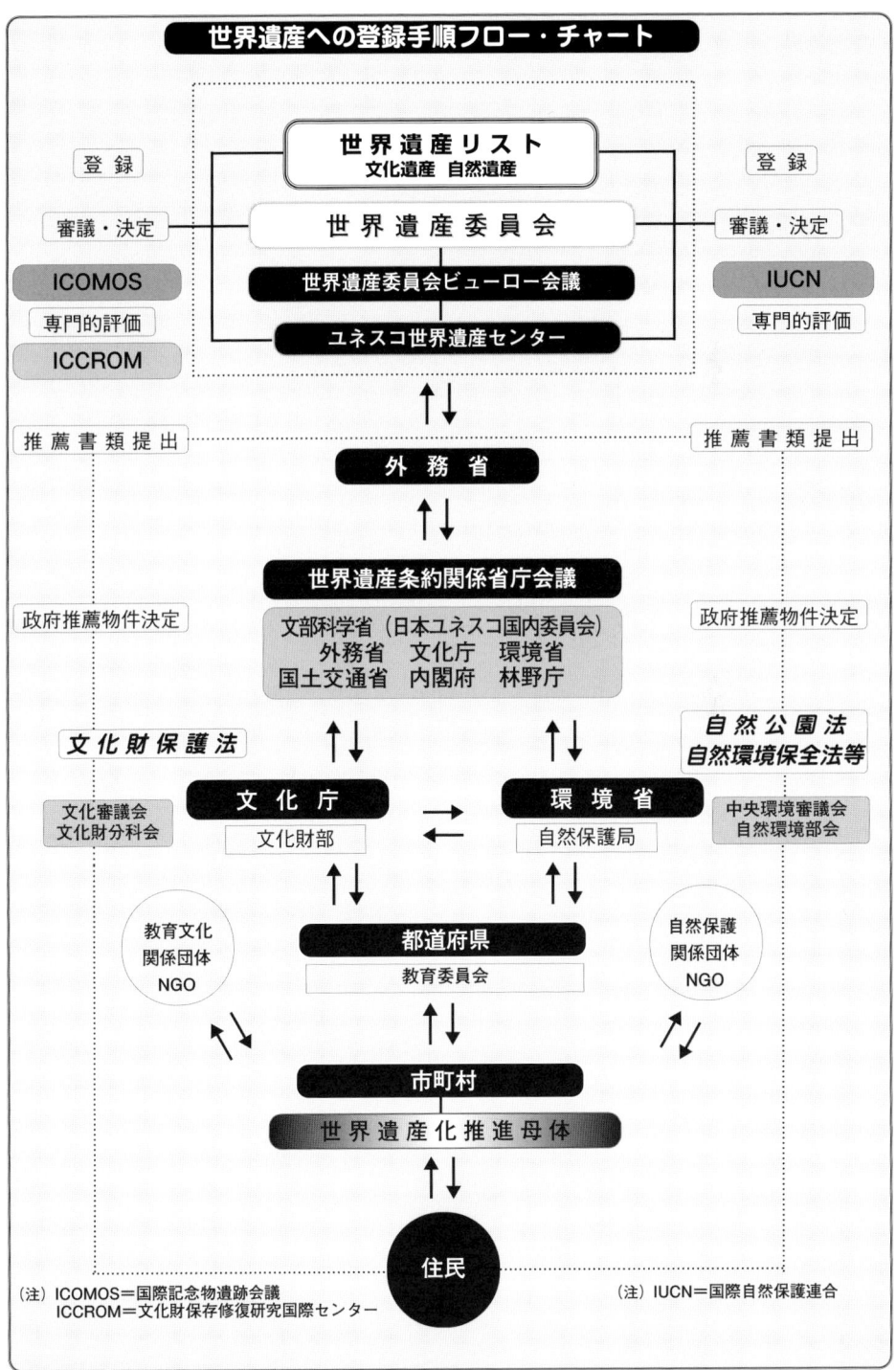

世界遺産分布図

北極海

大西洋

インド洋

世界遺産の数
- 自然遺産　144物件
- 文化遺産　554物件
- 複合遺産　　23物件
- 合計　　　721物件

（2002年1月1日現在）

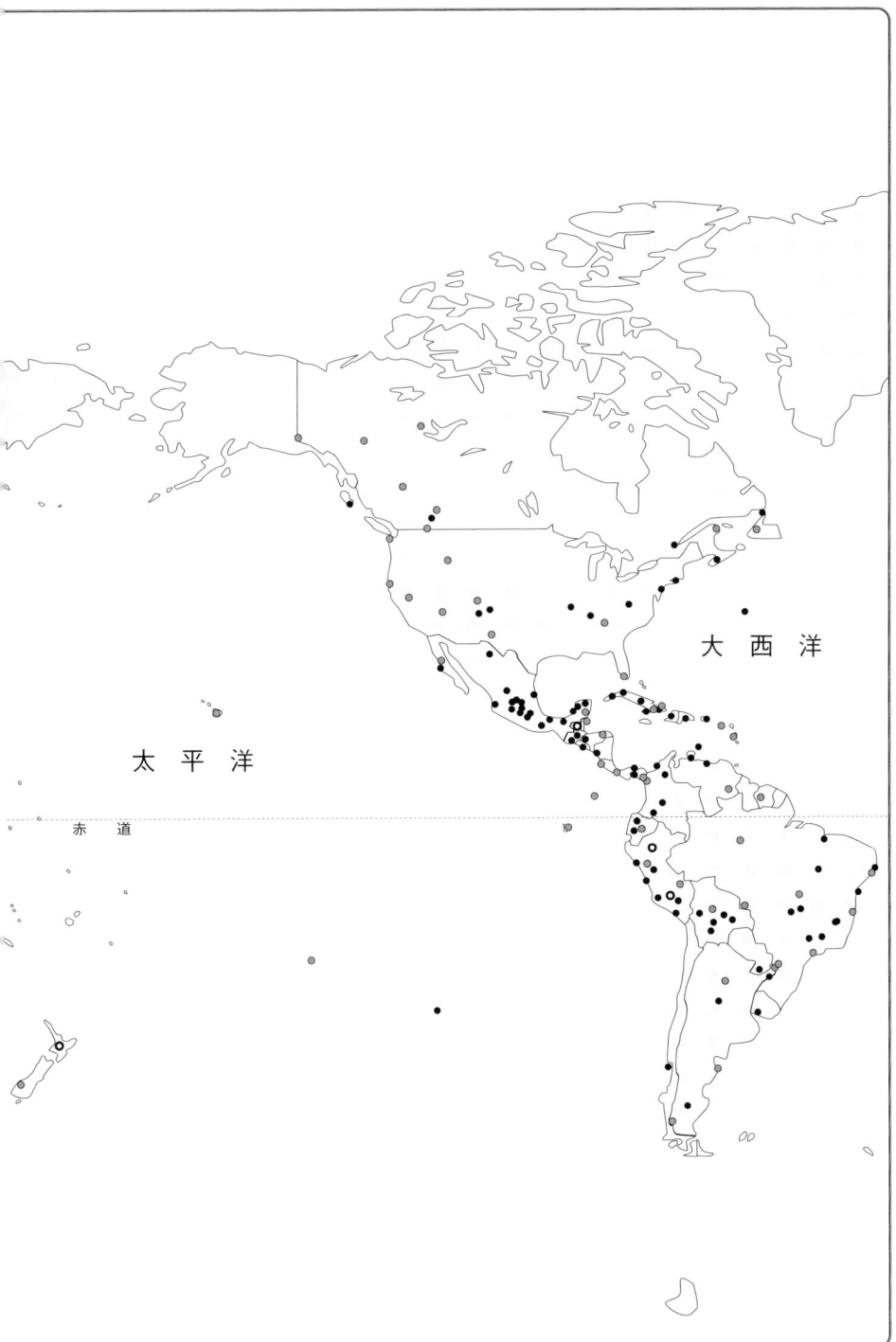

多様な世界遺産

ニュー・ラナーク (New Lanark)
文化遺産(登録基準(ⅱ)(ⅳ)(ⅵ))　2001年　イギリス
ニュー・ラナークは，社会主義者，社会運動家として有名なロバート・オーウェン（1771〜1858年）が，1800年に共同所有者および管理人として操業を始めイギリス最大の綿紡績工場であった。
(写真提供) New Lanark Conservation Trust

エッサウィラ（旧モガドール）のメディナ

登録物件名	Medina of Essaouira（formerly Mogador）
遺産種別	文化遺産
登録基準	（ii）ある期間を通じて，または，ある文化圏において，建築，技術，記念碑的芸術，町並み計画，景観デザインの発展に関し，人類の価値の重要な交流を示すもの。 （iv）人類の歴史上重要な時代を例証する，ある形式の建造物，建築物群，技術の集積，または，景観の顕著な例。
登録年月	2001年12月（第25回世界遺産委員会ヘルシンキ会議）
登録物件の概要	エッサウィラは，モロッコ中部，首都ラバトの南西約400kmにある大西洋に面した漁港とビーチ・リゾートの町。エッサウィラは，町の入口に墓のある聖シディ・モガドールの名前に因んで，かつてはモガドールと呼ばれていた。ポルトガル人が1506年にここに要塞を造ったが，1541年にポルトガルは，モロッコの部族との争いでこの拠点を失い街は衰退した。 エッサウィラは，1785年にフランス人の建築家テオドール・クールニュのプランで造られた北部アフリカの要塞都市の類まれな事例で，現代ヨーロッパの軍事建築の原則にそって建設されたものである。エッサウィラという名はこの時つけられた。 エッサウィラは，1785年に町が創られて以来，トンブクツーなどサハラの後背地からの象牙や金とヨーロッパなどからの皮革，塩，砂糖との交易などを通じて主要な国際貿易港になり多くのユダヤ商人が定住した。 エッサウィラは，ポルトガル，フランス，そして，土着のベルベル人の建築様式が混在し，北アフリカで最も美しい街の一つと言われている。
分類	歴史都市，旧市街，要塞
物件所在国	モロッコ王国（Kingdom of Morocco）
首都	ラバト
民族	アラブ人，ベルベル人
宗教	イスラム教
言語	アラビア語，フランス語，スペイン語，ベルベル語
物件所在地	エッサウィラ州エッサウィラ市
交通アクセス	カサブランカから飛行機，或は，サフィから車で2時間
備考	エッサウィラは，マリン・リゾート地としても有名

世界遺産学入門－もっと知りたい世界遺産－　エッサウィラ（旧モガドール）のメディナ

エッサウィラのメディナ

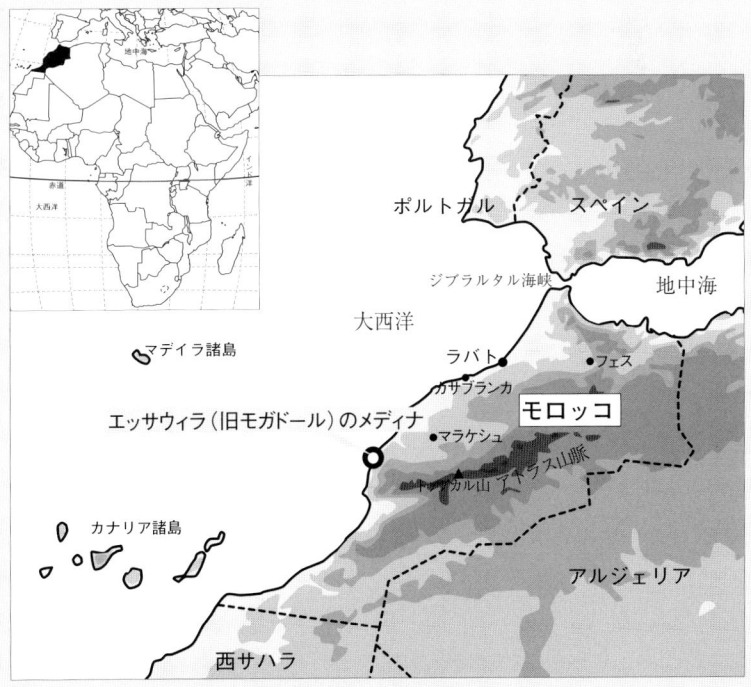

北緯31度30分　東経9度48分

ラムの旧市街

登録物件名	Lamu Old Town
遺産種別	文化遺産
登録基準	(ii) ある期間を通じて，または，ある文化圏において，建築，技術，記念碑的芸術，町並み計画，景観デザインの発展に関し，人類の価値の重要な交流を示すもの。 (iv) 人類の歴史上重要な時代を例証する，ある形式の建造物，建築物群，技術の集積，または，景観の顕著な例。 (vi) 顕著な普遍的な意義を有する出来事，現存する伝統，思想，信仰，または，芸術的，文学的作品と，直接に，または，明白に関連するもの。
登録年月	2001年12月（第25回世界遺産委員会ヘルシンキ会議）
登録物件の概要	ラムは，ケニアの東部，ソマリアとの国境近くにある小さなラム島にある。ラムは，東アフリカのスワヒリ族の住居で，最も古くてよく保存された事例。ラムの旧市街は，現在まで，その歴史や文化を損なうことなく建物もそのままの形で保持してきた。珊瑚とマングローブの木材を使った伝統的なスワヒリの技法で造られたユニークな町並みは，重厚なドアなどに特色がある建築様式にも反映されている。かつて，アラブとの交易で栄えた東アフリカの最も重要な貿易センターであったラムは，文化的にも重要な影響を各地に与えた。それは，イスラムとスワヒリの重要な宗教的な役割と教育の中心地であったことである。ラムは，近年，開発が進み人口や旅行者数が増加し，町並みの維持など新たな課題を抱えている。
分類	歴史都市，旧市街
物件所在国	ケニア共和国（Republic of Kenya）
首都	ナイロビ
民族	キクユ族，ルヒヤ族，ルオ族，インド・パキスタン系
宗教	キリスト教，イスラム教
言語	スワヒリ語，英語
物件所在地	コースト州ラム地区
交通アクセス	ナイロビからラムまで飛行機，或は，モンバサから車，バス，或は，船
備考	フェリー港があるマンダのビーチはリゾート地としても知られている。

世界遺産学入門―もっと知りたい世界遺産―　ラムの旧市街

海から見たラムの旧市街の風景

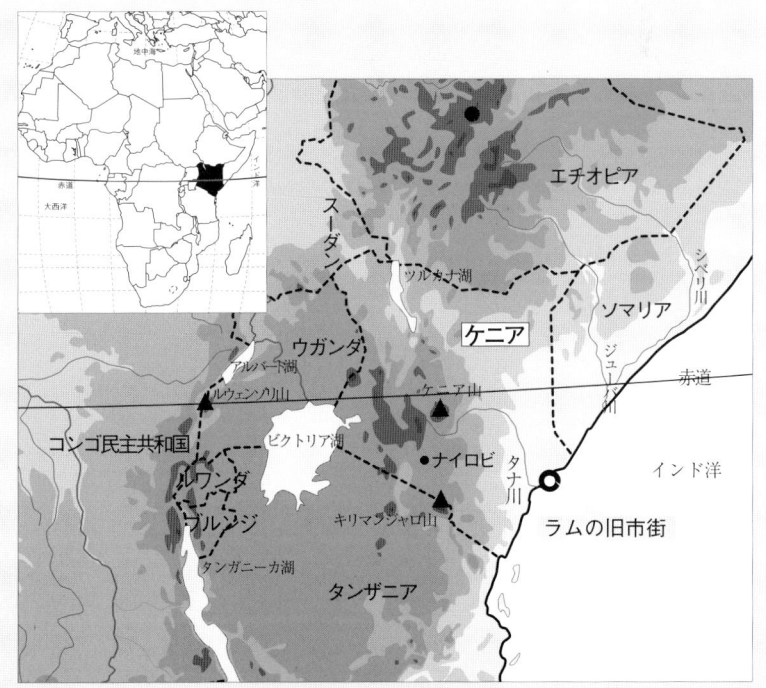

南緯2度15分　東経40度45分

多様な世界遺産

カスビのブガンダ王族の墓

登録物件名	Tombs of Buganda Kings at Kasubi
遺産種別	文化遺産
登録基準	(i) 人類の創造的天才の傑作を表現するもの。 (iii) 現存する，または，消滅した文化的伝統，または，文明の，唯一の，または，少なくとも稀な証拠となるもの。 (iv) 人類の歴史上重要な時代を例証する，ある形式の建造物，建築物群，技術の集積，または，景観の顕著な例。 (vi) 顕著な普遍的な意義を有する出来事，現存する伝統，思想，信仰，または，芸術的，文学的作品と，直接に，または，明白に関連するもの。
登録年月	2001年12月（第25回世界遺産委員会ヘルシンキ会議）
登録物件の概要	カスビのブガンダ王族の墓は，首都カンパラの郊外5kmの丘陵斜面にあり，30haの敷地を擁する。ウガンダは総人口の大半を農耕民であるバンツー系のブガンダ族が占めている。15世紀には，ブニョロキタラ系住民を中心に，現在の首都カンパラを都とする「ブガンダ王国」が形成され，19世紀に隆盛を極めた。カスビのブガンダ王族の墓は，歴史的，伝統的，そして精神的な価値をもつ顕著な事例の一つであり，1880年代以来，歴代ブガンダ王の埋葬の場所となっている。墓の形は円錐状で，木，わらぶき，葦，網代，しっくいなどの材料で造られている。カスビのブガンダ王族の墓は，国民の信仰など精神的な中心地であり，また，ウガンダ，そして，東部アフリカの重要な歴史的，文化的なシンボルの役目も果たしている。
分類	王墓
物件所在国	ウガンダ共和国（Republic of Uganda）
首都	カンパラ
民族	バンツー語系バガンダ族，アンコレ族，東ナイル系テン族
宗教	キリスト教，イスラム教
言語	英語，スワヒリ語，ルガンダ語
物件所在地	カンパラ地区
交通アクセス	カンパラから車

世界遺産学入門ーもっと知りたい世界遺産ー　カスビのブガンダ王族の墓

ブガンダ王族の墓の外観

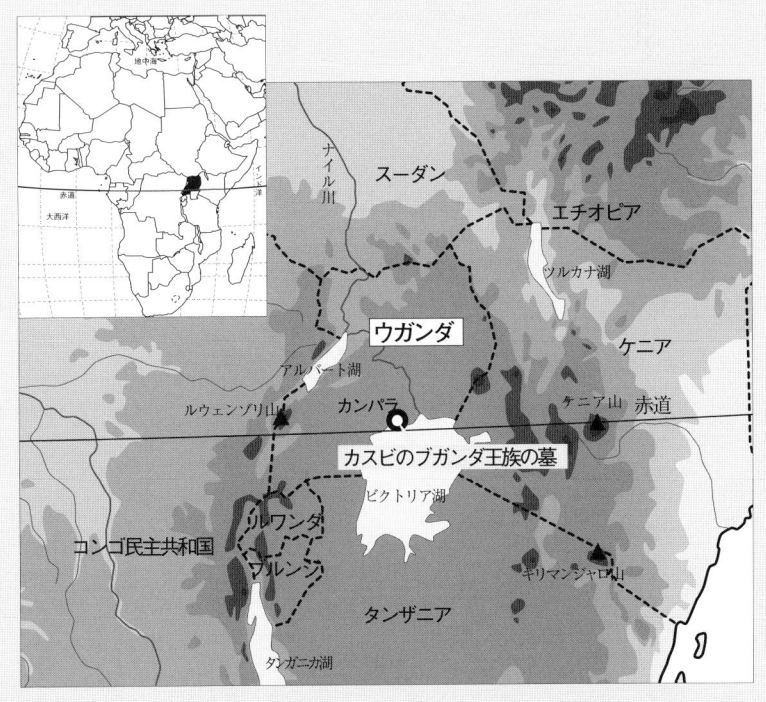

北緯0度20分　東経32度33分

多様な世界遺産

オカシュランバ・ドラケンスバーグ公園

登録物件名	uKhahlamba/Drakensberg Park
遺産種別	複合遺産
登録基準	
自然遺産	(ⅲ) もっともすばらしい自然的現象，または，ひときわすぐれた自然美をもつ地域，及び，美的な重要性を含むもの。
	(ⅳ) 生物的多様性の本来的保全にとって，もっとも重要かつ意義深い自然生息地を含んでいるもの。これには，科学上，または，保全上の観点から，すぐれて普遍的価値をもつ絶滅の恐れのある種が存在するものを含む。
文化遺産	(i) 人類の創造的天才の傑作を表現するもの。
	(ⅲ) 現存する，または，消滅した文化的伝統，または，文明の，唯一の，または，少なくとも稀な証拠となるもの。
登録年月	2000年12月（第24回世界遺産委員会ケアンズ会議）
登録遺産の面積	242,813ha（自然遺産登録地域）
登録物件の概要	オカシュランバ・ドラケンスバーグ公園は，レソトと国境を接するクワズール・ナタール州の山岳地帯にある。オカシュランバ・ドラケンスバーグ公園は，3000m級の秀峰，緑に覆われた丘陵，玄武岩や砂岩の断崖，渓谷など変化に富んだ地形と雄大な自然景観を誇る。また，ブラック・ワイルドビースト，多様なレイヨウ種，バブーン（ヒヒ）の動物種，絶滅の危機に瀕している獰猛なヒゲハゲタカなど多くの野鳥，貴重な植物種が生息しており，ラムサール条約の登録湿地にもなっている。文化面では，ブッシュマンを祖先にもつ狩猟民族で，ドラケンスバーグの山岳地帯に住んでいた先住民のサン族が4000年以上にもわたって描き続けた岩壁画がメイン洞窟やバトル洞窟などの洞窟に数多く残っており，当時の彼等の生活や信仰を知る上での重要な手掛かりとなっている。
分類	国立公園，自然景観，洞窟，岩壁画
物件所在国	南アフリカ共和国（Republic of South Africa）
首都	プレトリア
民族	黒人，白人，カラード，インド系
宗教	キリスト教，ヒンズー教，イスラム教，伝統宗教
言語	英語，アフリカース語，ズル語，コサ語
物件所在地	クワズール・ナタール州
交通アクセス	ダーバンから車
備考	保護管理　Natal Parks Board, PO Box 1750, Pietermaritzburg, 3200 ℡（0331）471891

世界遺産学入門―もっと知りたい世界遺産― オカシュランバ・ドラケンスバーグ公園

オカシュランバ・ドラケンスバーグ公園の雄大な自然景観（写真上）と
先住民サン族が4000年以上にもわたって描き続けた岩壁画（写真下）

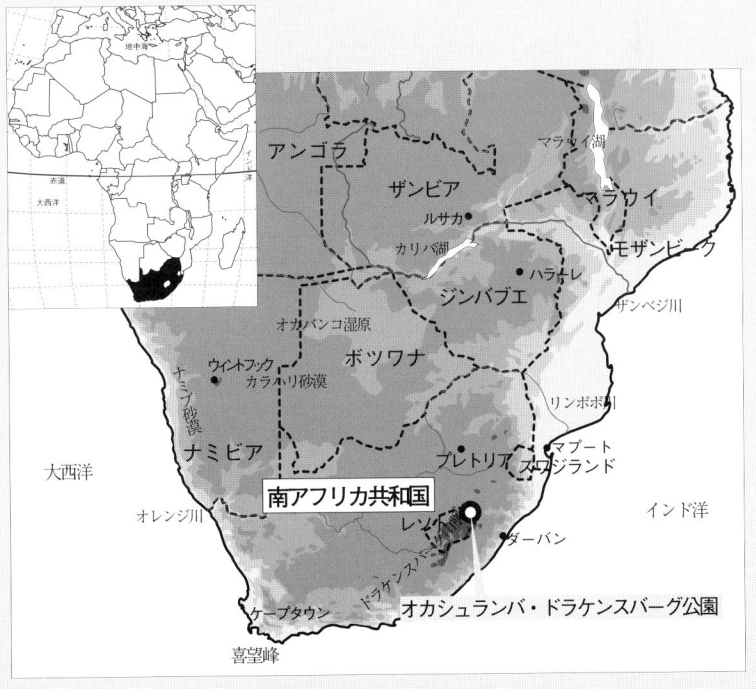

南緯28度46分　東経29度0分

多様な世界遺産

マサダ国立公園

登録物件名	Masada National Park
遺産種別	文化遺産
登録基準	(iii) 現存する，または，消滅した文化的伝統，または，文明の，唯一の，または，少なくとも稀な証拠となるもの。 (iv) 人類の歴史上重要な時代を例証する，ある形式の建造物，建築物群，技術の集積，または，景観の顕著な例。 (vi) 顕著な普遍的な意義を有する出来事，現存する伝統，思想，信仰，または，芸術的，文学的作品と，直接に，または，明白に関連するもの。
登録年月	2001年12月（第25回世界遺産委員会ヘルシンキ会議）
登録物件の概要	マサダ国立公園は，エン・ゲディの南約25km，死海西岸の絶壁上にある台地。東側の死海からの高さは400m，西側の麓からの高さは100m，台地の頂上は東西300m，南北600mの菱形の自然の要害。マサダという名前は，アラム語のハ・メサド（要塞）に由来すると言われ，マサダの歴史は主としてヨセフスから知られ，紀元前40年にヘロデの一族が800人の部下と共に立て籠ったのが最初で，ヘロデは有事の際の宮殿として城塞化した。ヘロデの死後は，ローマ帝国の守備隊が来たが，66年から73年までは，エレアザルを指導者とするゼロテの反徒が占拠した。しかし，フラヴィウス・シルヴァ指揮のローマ軍が進攻してここを包囲し，籠城軍は全滅した。台地の周囲にはローマ帝国の陣営の遺跡が点在する。マサダ国立公園は，抑圧と自由の狭間での人間の闘いの歴史を主張する意志力とヒロイズムのシンボルである。
分類	考古学遺跡，要塞
物件所在国	イスラエル国（State of Israel）
首都	エルサレム
民族	ユダヤ人，パレスチナ人などアラブ系
宗教	ユダヤ教，イスラム教（スンニ派），キリスト教
言語	ヘブライ語，アラビア語，英語
物件所在地	タマル地方
交通アクセス	エン・ゲディから車
備考	頂上には死海エリアからケーブル・カー，或は，ハイキング。

世界遺産学入門―もっと知りたい世界遺産― マサダ国立公園

マサダ国立公園は意志力とヒロイズムの象徴

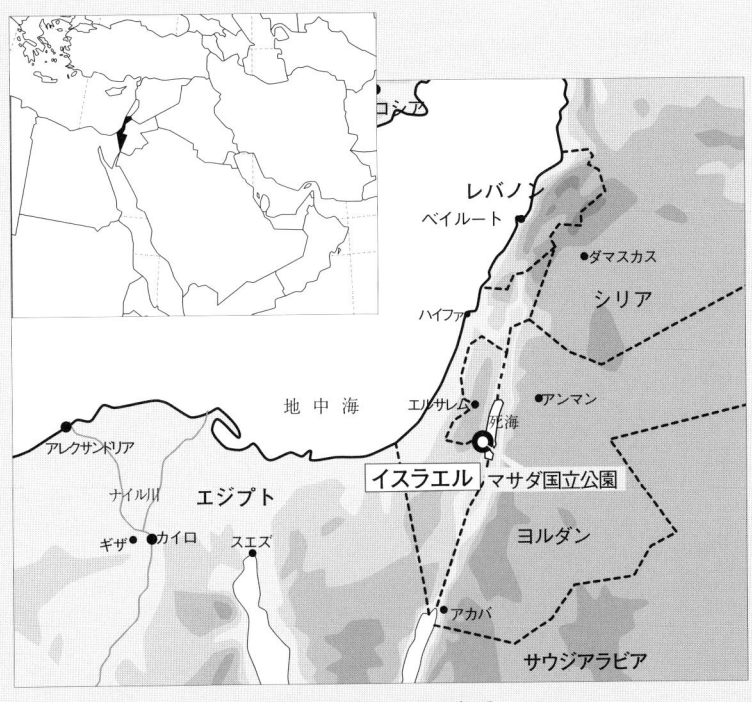

北緯32度55分　東経35度4分

サマルカンド-文明の十字路

登録物件名	Samarkand - Crossroads of Cultures
遺産種別	文化遺産
登録基準	（ⅰ）人類の創造的天才の傑作を表現するもの。 （ⅱ）ある期間を通じて，または，ある文化圏において，建築，技術，記念碑的芸術，町並み計画，景観デザインの発展に関し，人類の価値の重要な交流を示すもの。 （ⅳ）人類の歴史上重要な時代を例証する，ある形式の建造物，建築物群，技術の集積，または，景観の顕著な例。
登録年月	2001年12月（第25回世界遺産委員会ヘルシンキ会議）
登録物件の概要	サマルカンドは，ウズベキスタンの中東部，首都タシケントの南西およそ270kmにある。サマルカンドは，中央アジア最古の都市で，最も美しい街。紀元前4世紀にはアレクサンドロス大王（位紀元前336年～323年）が訪れ，街の美しさに驚嘆したといわれる程で，古くから「青の都」，「オリエントの真珠」，「光輝く土地」と賞賛された。14世紀，モンゴル大帝国の崩壊と共にティムール朝（1370年～1507年）が形成された。ティムール（位1370～1405年）は，サマルカンドを自らの帝国にふさわしい世界一の美都にしようとし，天文学者，建築学者，芸術家を集めて，壮大なレジスタン・モスクと広場，ビビ・ハニム・モスク，シャーヒ・ジンダ廟，グル・エミル廟，ウルグ・ベクの天文台などを建設，シルクロードなど東西文明の十字路として繁栄させるなど一大文化圏を築いた。
分類	歴史都市
物件所在国	ウズベキスタン共和国（Republic of Uzbekistan）
首都	タシケント
民族	ウズベク人，ロシア人，タジク人，カザフ人，タタール人，朝鮮人
宗教	イスラム教スンニ派
言語	ウズベク語
物件所在地	サマルカンド
文化施設	歴史博物館
交通アクセス	タシケントから車，或は，バス

世界遺産学入門―もっと知りたい世界遺産―　サマルカンド-文明の十字路

壮大なレジスタン・モスクと広場

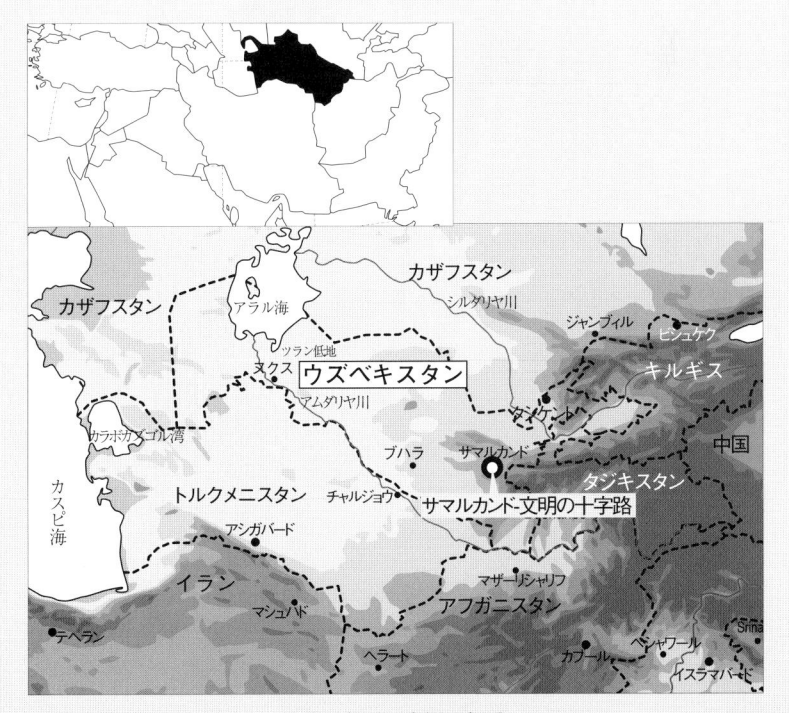

多様な世界遺産

北緯39度0分　東経67度0分

雲 崗 石 窟

登録物件名	Yungang Grottoes
遺産種別	文化遺産
登録基準	（ⅰ）人類の創造的天才の傑作を表現するもの。 （ⅱ）ある期間を通じて，または，ある文化圏において，建築，技術，記念碑的芸術，町並み計画，景観デザインの発展に関し，人類の価値の重要な交流を示すもの。 （ⅲ）現存する，または，消滅した文化的伝統，または，文明の，唯一の，または，少なくとも稀な証拠となるもの。 （ⅳ）人類の歴史上重要な時代を例証する，ある形式の造物，建築物群，技術の集積，または，景観の顕著な例。
登録年月	2001年12月（第25回世界遺産委員会ヘルシンキ会議）
登録物件の概要	雲崗石窟は，山西省北部，石炭の街としても有名な大同市の西16kmの武周山の麓にある中国の典型的な石彫芸術。雲崗石窟は，敦煌の莫高窟，洛陽の龍門石窟と並んで，中国三大石窟の一つに数えられ有名な仏教芸術の殿堂。 雲崗石窟は，1500年前の北魏時代から断崖に掘削され，453～525年の比較的短い期間に造られた。東西1kmに，最も古い第16～第20窟の5窟，五華洞と呼ばれる第9～第13窟など53の洞窟と5万1000点以上の石像が残っている。 雲崗石窟は，中国文化と共に南部及び中央アジア地域の影響を受け，また，後世にも重要な影響を与えた。 雲崗石窟は，1902年に，日本人の伊東忠太東京帝国大学教授（築地本願寺を設計した学者）によって発見され世間の注目を浴びた。
分類	宗教関連物件，石窟，仏教芸術
物件所在国	中華人民共和国（People's Republic of China）
首都	北京
民族	漢族，ホイ族，満族，モンゴル族
宗教	仏教，道教，イスラム教
言語	中国語
物件所在地	大同市
交通アクセス	大同市内から車，或は，バス
備考	●大同は古くは平城と呼ばれ奈良の平城京の原型はここにあったといわれる。 ●雲崗石窟の第20窟を描いた平山郁夫画伯の作品「雲崗石佛」は有名。

世界遺産学入門―もっと知りたい世界遺産― 雲崗石窟

雲崗石窟 第20窟 露天大仏

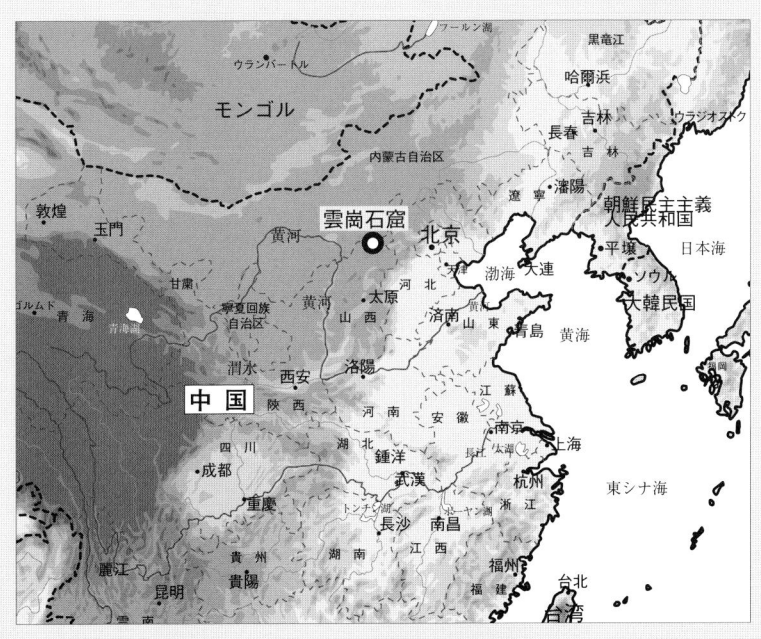

多様な世界遺産

北緯40度6分 東経113度7分

琉球王国のグスク及び関連遺産群

登録物件名	Gusuku Sites and Related Properties of the Kingdom of Ryukyu
遺産種別	文化遺産
登録基準	(ii) ある期間を通じて，または，ある文化圏において，建築，技術，記念碑的芸術，町並み計画，景観デザインの発展に関し，人類の価値の重要な交流を示すもの。 (iii) 現存する，または，消滅した文化的伝統，または，文明の，唯一の，または，少なくとも稀な証拠となるもの。 (vi) 顕著な普遍的な意義を有する出来事，現存する伝統，思想，信仰，または，芸術的，文学的作品と，直接に，または，明白に関連するもの。
登録年月	2000年12月（第24回世界遺産委員会ケアンズ会議）
登録物件の概要	琉球王国のグスク及び関連遺産群は，沖縄県の那覇市など1市1町5村にまたがって点在するかつてこの地で隆盛を誇った琉球王国の時代の文化遺産。琉球王国のグスク（沖縄では，「城」と書いて「グスク」と読む）及び関連遺産群は，登録遺産の面積が54.9ha，緩衝地帯の面積が559.7haの合計614.6haに及ぶ。琉球が琉球王国への統一に動き始める14世紀後半から，王国が確立した後の18世紀末にかけて生み出された琉球地方独自の特徴を表す文化遺産群で，今帰仁城跡，座喜味城跡，勝連城跡，中城城跡，首里城跡，園比屋武御嶽石門，玉陵，識名園，斎場御嶽の9つからなり，国の重要文化財（2棟），史跡（7），名勝（1）にも指定されている。沖縄のグスクには必ず霊地としての役割があり，地域の信仰を集める場所であったと考えられている。 琉球諸島は東南アジア，中国，朝鮮，日本の間に位置し，それらの文化・経済の中継地であったと同時に，グスク（城塞）を含む独自の文化財および信仰形態をともなっている。
分類	考古学遺跡，城塞，庭園
物件所在国	日本国（Japan）
首都	東京
民族	日本民族，アイヌ人，朝鮮人，中国人
宗教	仏教，神道，キリスト教
言語	日本語
物件所在地	沖縄県（国頭郡今帰仁村，中頭郡読谷村，中頭郡勝連町，中頭郡北中城村・中城村，那覇市，島尻郡知念村）
文化施設	沖縄県立博物館
交通アクセス	那覇空港から車，或は，バス

世界遺産学入門ーもっと知りたい世界遺産ー　琉球王国のグスク及び関連遺産群

琉球王国のグスクの一つ　座喜味城跡

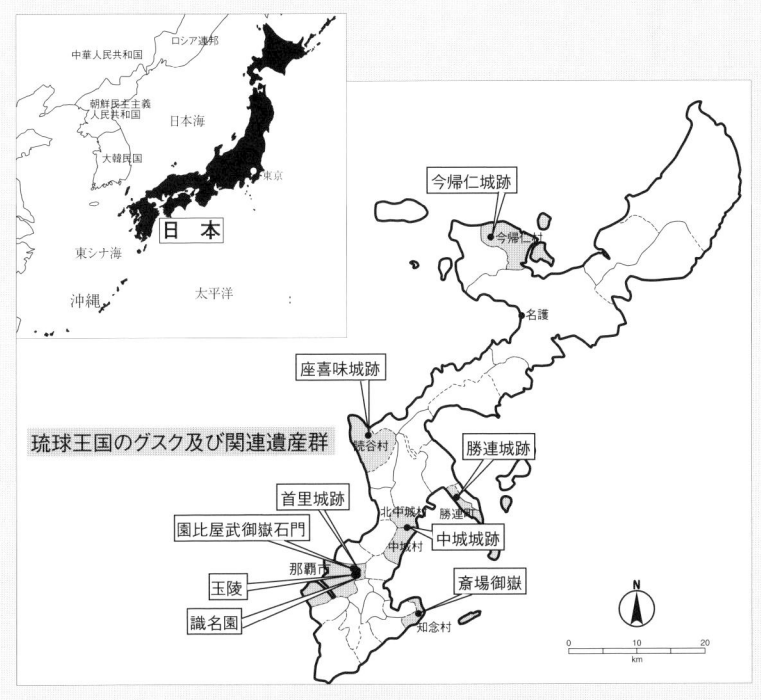

琉球王国のグスク及び関連遺産群

北緯26度12分　東経127度41分（沖縄県庁）

グレーター・ブルー・マウンテンズ地域

登録物件名	Greater Blue Mountains Area
遺産種別	自然遺産
登録基準	(ii) 陸上，淡水，沿岸，及び，海洋生態系と動植物群集の進化と発達において，進行しつつある重要な生態学的，生物学的プロセスを示す顕著な見本であるもの。 (iv) 生物多様性の本来的保全にとって，もっとも重要かつ意義深い自然生息地を含んでいるもの。これには，科学上，または，保全上の観点から，すぐれて普遍的価値をもつ絶滅の恐れのある種が存在するものを含む。
登録年月	2000年12月（第24回世界遺産委員会ケアンズ会議）
登録物件の概要	グレーター・ブルー・マウンテンズ地域は，オーストラリアの南東部，シドニーの西60kmの郊外にある面積103万haの広大な森林地帯。 ブルー・マウンテン国立公園とその周辺は，海抜100mから1300mに至る深く刻まれた砂岩の台地で，高さが300mもある絶壁，オーストラリアのグランド・キャニオンとも呼ばれている雄大な自然景観を誇るジャミソン渓谷，ウェントワースやカトゥーバの滝，湿原，湿地，草地などが織りなす多様な風景が印象的である。なかでも，奇岩のスリー・シスターズは有名で，その昔，悪魔に魅入られた三人姉妹が，魔法によって石に姿を変えたという伝説がある。 グレーター・ブルー・マウンテンズ地域は，8つの自然保護区で構成され，絶滅危惧種や稀少種を含む動物や植物など多様な生物圏が見られ，なかでも，オーストラリアで最も重要なユーカリの自生地でもある。 ブルー・マウンテンズの名前の由来は，山容を覆うユーカリが青みがかって見えることからともいわれ，世界のユーカリの13%がここに生息し，その種は，マリーなど90種に及ぶともいわれている。これらのうち12種は，シドニー砂岩地域にだけ自生している。
分類	生物地理地域，国立公園，自然保護区
物件所在国	オーストラリア（Australia）
首都	キャンベラ
民族	ヨーロッパ系（イギリス，アイルランド），アボリジニ
宗教	キリスト教
言語	英語
物件所在地	ニュー・サウス・ウェールズ州
交通アクセス	シドニーから自動車，或は，列車で約90分
備考	トロッコ列車，スカイ・ケーブル，そして，自然を満喫しながら歩くブッシュ・ウオーキングを楽しむこともできる。

グレーター・ブルー・マウンテンズ地域とスリー・シスターズ

南緯33度42分　東経150度0分

ティヴォリのヴィラ・デステ

登録物件名	Villa d'Este, Tivoli
遺産種別	文化遺産
登録基準	（ⅰ）人類の創造的天才の傑作を表現するもの。 （ⅱ）ある期間を通じて，または，ある文化圏において，建築，技術，記念碑的芸術，町並み計画，景観デザインの発展に関し，人類の価値の重要な交流を示すもの。 （ⅲ）現存する，または，消滅した文化的伝統，または，文明の，唯一の，または，少なくとも稀な証拠となるもの。 （ⅳ）人類の歴史上重要な時代を例証する，ある形式の建造物，建築物群，技術の集積，または，景観の顕著な例。 （ⅵ）顕著な普遍的な意義を有する出来事，現存する伝統，思想，信仰，または，芸術的，文学的作品と，直接に，または，明白に関連するもの。
登録年月	2001年12月（第25回世界遺産委員会ヘルシンキ会議）
登録物件の概要	ヴィラ・デステは，ローマの北東30km，ラツィオ州ローマ県のアニエーネ川が流れるティブルティーナ山地の丘の上の小さな町ティヴォリにある。ヴィラ・デステは，16世紀半ばにイポリト・デステ枢機卿によって建てられたエステ家の別荘で，ナポリ出身の建築家ピッロ・リゴーリオによる宮殿や庭園は，最も洗練されたルネッサンス文化を物語っている。古びて苔むした大小様々な形の噴水や装飾された泉などがある庭園は，革新的なデザインと創造性が施された，まさに真に水の庭園であり，16世紀のイタリア式庭園のユニークな事例である。ヴィラ・デステは，ヨーロッパの庭園の発展に決定的な影響を与えた。
分類	文化的景観，噴水庭園
物件所在国	イタリア共和国（Republic of Italy）
首都	ローマ
民族	イタリア人，ドイツ系・フランス系・スイス系少数民族
宗教	ローマ・カトリック，プロテスタント，イスラム教，ユダヤ教
言語	イタリア語
物件所在地	ラツィオ州ローマ県ティヴォリ
交通アクセス	ローマのテルミニ駅から列車，或は，地下鉄のポンテ・マモロ駅からバス
備考	● ヴィラ・デステは，映画の名作「ローマの休日」（1953年　アメリカ　主演：オードリー・ヘプバーン，グレゴリーペック）の舞台になったことでも有名。 ● ヴィラ・デステは，洋画家藤島武二（1867～1943年）の作品「噴水のある池」（1908年）でも有名。

世界遺産学入門―もっと知りたい世界遺産―　ティヴォリのヴィラ・デステ

噴水が印象的なイタリア式庭園

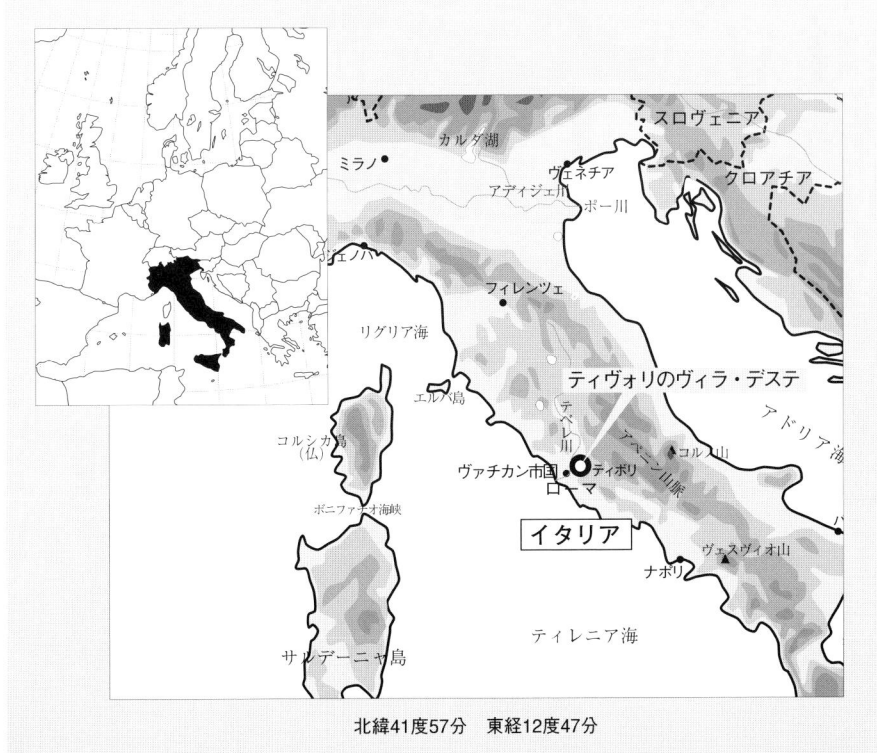

北緯41度57分　東経12度47分

多様な世界遺産

ユングフラウ・アレッチ・ビエッチホルン

登録物件名	Jungfrau-Aletsch-Bietschhorn
遺産種別	自然遺産
登録基準	（ⅰ）地球の歴史上の主要な段階を示す顕著な見本であるもの。これには，生物の記録，地形の発達における重要な地学的進行過程，或は，重要な地形的，または，自然地理的特性などが含まれる。 （ⅱ）陸上，淡水，沿岸，及び，海洋生態系と動植物群集の進化と発達において，進行しつつある重要な生態学的，生物学的プロセスを示す顕著な見本であるもの。 （ⅲ）もっともすばらしい自然的現象，または，ひときわすぐれた自然美をもつ地域，及び，美的な重要性を含むもの。
登録年月	2001年12月（第25回世界遺産委員会ヘルシンキ会議）
登録物件の概要	ユングフラウ・アレッチ・ビエッチホルンは，ベルン州とヴァレリー州にまたがる雪を頂いたスイス・アルプス。標高およそ4000m，総面積539km²の広大なエリアにアイガー，メンヒ，ユングフラウという3名山とユングフラウから続く西ユーラシア最大・最長のアレッチ氷河を擁する。アレッチ氷河は，氷河史や進行中の過程，特に気候変動と地球温暖化との関連において，科学的にも重要なものである。ユングフラウ・アレッチ・ビエッチホルンの壮麗で雄大な大地は，アルプスが造りあげた理想的な自然の芸術であり，また，自然保護活動の観点からも1930年のアレッチの森林保護区，「ヴィラ・カッセル」というスイス初の環境保護センターの設置などスイス・エコロジー運動の先駆的役割を果たしてきた。ユングフラウ・アレッチ・ビエッチホルンには，エーデルワイスやエンチアンなどの高山植物や亜高山植物も広範に生息している。ユングフラウ・アレッチ・ビエッチホルンの印象的な景観は，ヨーロッパの文学，美術，登山，旅行に重要な役割を果たした。この地域はその美しさに魅せられた国際的なファンも多く 訪れたい最も壮観な山岳地域の一つとして広く認識されている。
分類	生物地理地域，氷河
物件所在国	スイス連邦（Swiss Confederation）
首都	ベルン
民族	ドイツ系，フランス系，イタリア系，ロマンシュ系
宗教	カトリック，プロテスタント
言語	独語，仏語，伊語
物件所在地	ベルン州とヴァレリー州
展望台	スフィンクス展望台
交通アクセス	インターラーケンからユングフラウ鉄道

世界遺産学入門ーもっと知りたい世界遺産ー　ユングフラウ・アレッチ・ビエッチホルン

アルプス最長を誇るアレッチ氷河

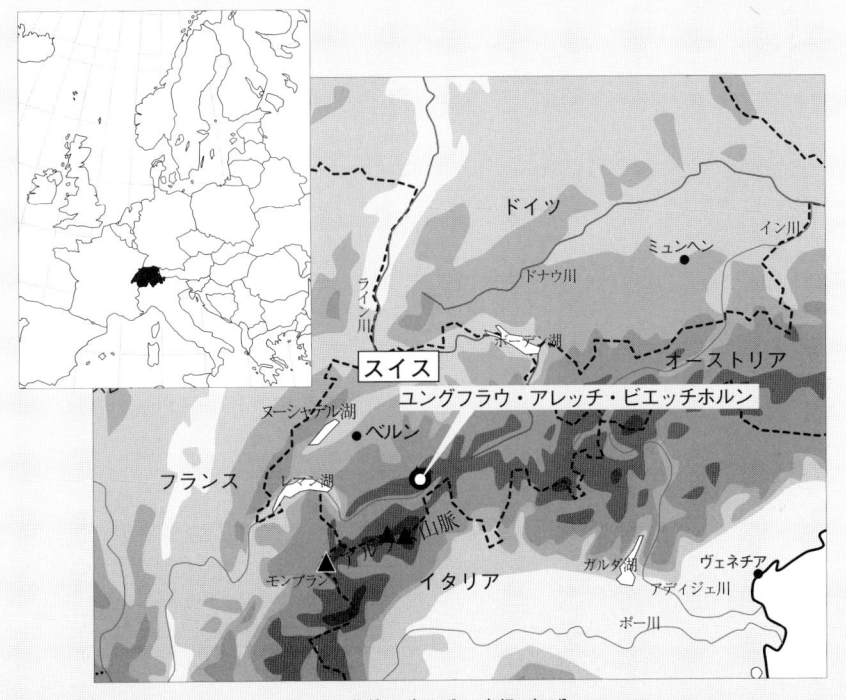

北緯46度30分　東経8度2分

多様な世界遺産

中世の交易都市プロヴァン

登録物件名	Provins, Town of Medieval Fairs
遺産種別	文化遺産
登録基準	(ⅱ) ある期間を通じて，または，ある文化圏において，建築，技術，記念碑的芸術，町並み計画，景観デザインの発展に関し，人類の価値の重要な交流を示すもの。
	(ⅳ) 人類の歴史上重要な時代を例証する，ある形式の建造物，建築物群，技術の集積，または，景観の顕著な例。
登録年月	2001年12月（第25回世界遺産委員会ヘルシンキ会議）
登録物件の概要	中世の交易都市プロヴァンは，パリから約80km，イル・ド・フランス地方のシャンパーニュ領内にある11～13世紀の中世に交易で繁栄した要塞都市の典型的な事例。プロヴァンは，北欧と地中海世界とを結ぶ中欧での国際交易の発展を先導する重要な交差路であった。交易制度は，ヨーロッパと東洋間の絹や胡椒などの商品の長距離輸送を可能にし，また，銀行，為替，製鞄，染色，毛織物等の産業活動の発展をもたらした。また，これらを通じて，家内制手工芸は，工業化へと発展した。プロヴァンに残る中世の都市計画と建築は，白い石灰石の壁と赤茶けた切り妻屋根の古びた商家，穀物の倉庫，工場などの建物，それに，13世紀の騎士の衣装に身を包み勇壮なショーが繰り広げられる広場などに見られ一体感がある。それは，交易を守る為に造られた屈強な石の城壁に囲まれた要塞など小さな町の防御の仕組を見ればわかる。
分類	歴史都市，歴史的記念物
物件所在国	フランス共和国（French Republic）
首都	パリ
民族	ケルト人，ゲルマン人，ノルマン人
宗教	カトリック，プロテスタント，ユダヤ教，イスラム教
言語	フランス語
物件所在地	イル・ド・フランス地方セーヌ・エ・マルヌ県
現地観光案内所	Provins Tourist Office（Chemin de Villecran　☎01.64.60.26.26）
祭り・イベント	●中世の戦いを再現した騎士の衣装に身を包んだ勇壮なショー
	●訓練されたワシやトンビなどを使った猛禽類のショー
文化施設	13世紀の穀物倉（Vaulted cellars）を活用した博物館
交通アクセス	パリの東駅から鉄道で約90分プロヴァン駅下車。
	車の場合は，A4号，または，A5号を利用。

世界遺産学入門―もっと知りたい世界遺産― 中世の交易都市プロヴァン

屈強な石塀に囲まれたプロヴァンは中世には交易都市として栄えた

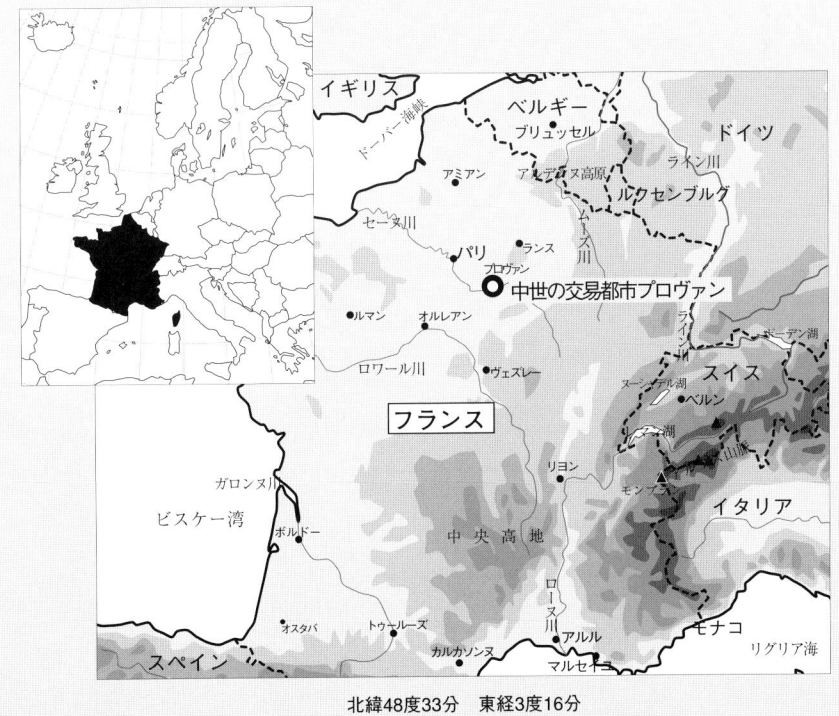

北緯48度33分　東経3度16分

アランフエスの文化的景観

登録物件名	Aranjuez Cultural Landscape
遺産種別	文化遺産
登録基準	(ⅱ) ある期間を通じて，または，ある文化圏において，建築，技術，記念碑的芸術，町並み計画，景観デザインの発展に関し，人類の価値の重要な交流を示すもの。
	(ⅳ) 人類の歴史上重要な時代を例証する，ある形式の建造物，建築物群，技術の集積，または，景観の顕著な例。
登録年月	2001年12月（第25回世界遺産委員会ヘルシンキ会議）
登録物件の概要	アランフエスは，マドリッドから47kmのところにある緑豊かな街。素晴しい庭園に囲まれた美しい王宮がある町。タホ川流域の肥沃なこの平野には，15世紀から王族が住み始めた。現在の王宮と庭園は，17世紀のボルボン王家によって建てられた。度重なる火事の為，何度も修復が行われたが，均衡のとれた美しさは元のまま。パルテレ庭園には，彫像，イスラム庭園には噴水がある。英国式の庭園，プリンシペ庭園には，カルロス4世によって建てられたネオ・クラシック様式の狩猟館，カサ・デル・ラブラドールがある。王宮周辺のアランフエスの町は，18世紀に入ってからフェルナンド4世によって建設が始められた。街路や家屋の設計は当時の啓蒙運動の考えに沿ったもので，数々の邸宅や歴史的建造物なども素晴しいものがたくさん残っている。昔からスペイン王室が好んだこの地には彼らの王宮（離宮）がある。それから"漁夫の家"と呼ばれるものも，この近くにあり，これもまた王室のもので，18世紀，19世紀の王様や御后の個人的持ち物であった川遊び用の船を保管，展示してある。
分類	文化的景観，宮殿，庭園
物件所在国	スペイン（Spain）
首都	マドリッド
民族	スペイン人（先住イベリア人，ケルト人，ローマ人など），バスク人
宗教	カトリック
言語	スペイン語，カタルーニャ語，バスク語，ガリシア語
物件所在地	マドリッド自治共同体アランフエス
交通アクセス	アトーチャ駅から列車，或は，南バスターミナルからバス或は，車で，N-IV高速道路
観光案内所	☎91-891-0427
保護財団	Fundacion Puente Barcas
備考	アランフエスは，クラシック・ギターの協奏曲「アランフエス協奏曲」（ロドリーゴ作曲）のモチーフになった所としても有名。

世界遺産学入門―もっと知りたい世界遺産― アランフエスの文化的景観

緑豊かな素晴しい庭園と美しい王宮

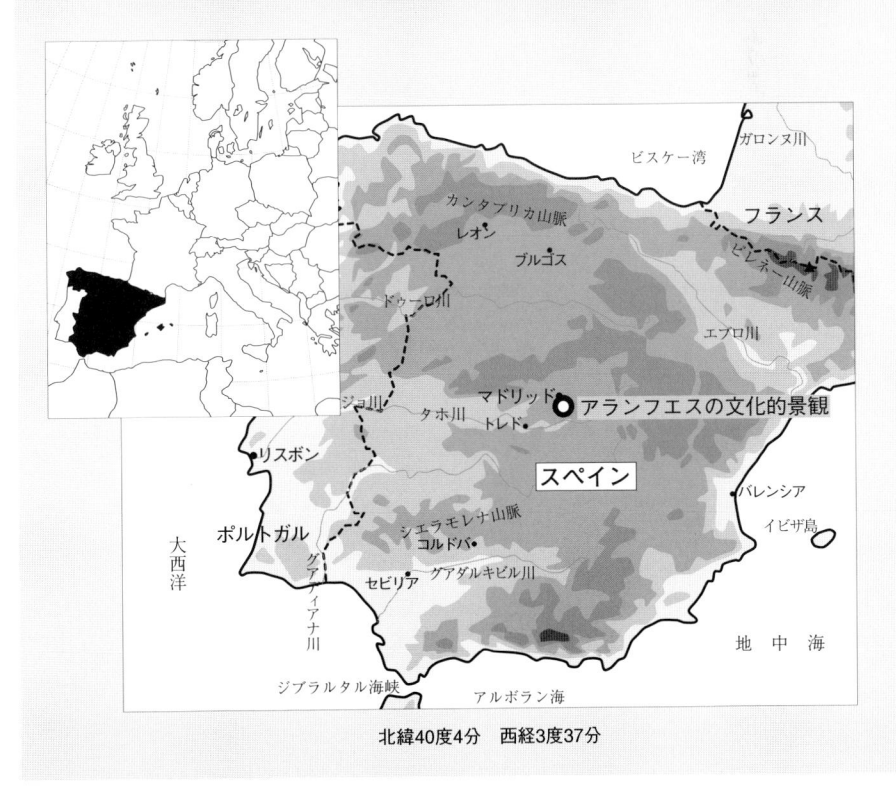

北緯40度4分　西経3度37分

多様な世界遺産

ギマランイスの歴史地区

登録物件名	Historic Centre of Guimaraes
遺産種別	文化遺産
登録基準	(ii) ある期間を通じて，または，ある文化圏において，建築，技術，記念碑的芸術，町並み計画，景観デザインの発展に関し，人類の価値の重要な交流を示すもの。 (iii) 現存する，または，消滅した文化的伝統，または，文明の，唯一の，または，少なくとも稀な証拠となるもの。 (iv) 人類の歴史上重要な時代を例証する，ある形式の建造物，建築物群，技術の集積，または，景観の顕著な例。
登録年月	2001年12月（第25回世界遺産委員会ヘルシンキ会議）
登録物件の概要	ギマランイスは，ポルトの北東約60km，サンタ・カタリナ山脈の麓にある。ギマランイスは，ポルトガルの初代国王のアフォンソ・エンリケス（1143～1185年）の生誕地として知られ，町の中心であるトゥラル広場の壁にはポルトガル建国の地の文字が書かれている。ギマランイスの歴史地区には，中世の城や町並みがよく保存されている。初代国王アフォンソ・エンリケスが生まれた10世紀の城（カステロ），12世紀のロマネスク様式のサン・ミゲル礼拝堂，15世紀のゴシック様式のブラガンサ公爵館，また，古いたたずまいのオリヴェイラ広場には，ポザーダになっているサンタ・マリーニャ・ダ・コスタ修道院，アルベルト・サンパイオ美術館として利用されているノッサ・セニョーラ・ダ・オリヴェイラ教会などが残っている。
分類	歴史都市
物件所在国	ポルトガル共和国（Portuguese Republic）
首都	リスボン
民族	ポルトガル人（先住イベリア人，ケルト人，ゲルマン系・フェニキア人など）
宗教	カトリック
言語	ポルトガル語
物件所在地	コスタ・ヴェルデ地方ミーニョ州ブラガ県
祭り・イベント	中世の面影が残るグアルテリアナス祭（8月）
交通アクセス	ポルトから車でA3（アウストラーダ3），或は，トリンダーデ駅から鉄道

世界遺産学入門―もっと知りたい世界遺産―　ギマランイスの歴史地区

ポルトガルの初代国王アフォンソ・エンリケスが生まれた城

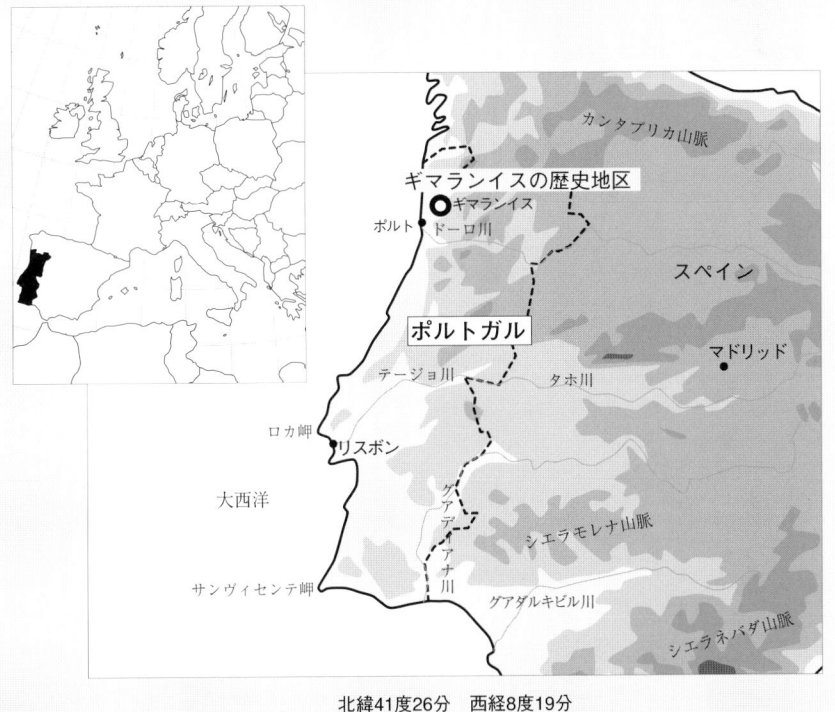

北緯41度26分　西経8度19分

多様な世界遺産

ダウエント渓谷の工場

登録物件名	Derwent Valley Mills
遺産種別	文化遺産
登録基準	(ⅱ) ある期間を通じて，または，ある文化圏において，建築，技術，記念碑的芸術，町並み計画，景観デザインの発展に関し，人類の価値の重要な交流を示すもの。 (ⅳ) 人類の歴史上重要な時代を例証する，ある形式の建造物，建築物群，技術の集積，または，景観の顕著な例。
登録年月	2001年12月（第25回世界遺産委員会ヘルシンキ会議）
登録物件の概要	ダウエント渓谷は，イングランドの中部，ダービーシャー県のクロムフォードを流れるダウエント川の渓谷にある。ダウエント渓谷の文化的景観は，イギリスの産業革命期の1769年に，それまで人の力で糸を紡いでいた紡績機械を水車で動かすことを考え水力紡績機を発明したリチャード・アークライト(1732～92年)によって発展した綿紡績の新技術が取り入れられ，近代の工場システムが確立された顕著な重要性にある。ダウエント渓谷の田舎の景観の中に，紡績工場が立地することにより，工場労働者の為の住宅が建設され，結果的に定住が促進され，類まれな工業景観は，200年以上にもわたって，その品質を保っている。
分類	産業・技術遺産，工場
物件所在国	グレートブリテンおよび北部アイルランド連合王国（イギリス） (United Kingdom of Great Britain and Northern Ireland)
首都	ロンドン
民族	アングロサクソン族，ケルト族
宗教	英国国教会，メソジスト，バプティスト，カトリック
言語	英語
物件所在地	ダービーシャー県マッソン，マトロック・バス
文化施設	博物館
交通アクセス	クロムフォードから車

世界遺産学入門―もっと知りたい世界遺産― ダウエント渓谷の工場

1783年にアークライトが建てたマッソン工場（中央の建物）

北緯53度1分　西経1度29分

多様な世界遺産

ウィーンの歴史地区

登録物件名	**Historic Centre of Vienna**
遺産種別	文化遺産
登録基準	(ⅱ) ある期間を通じて，または，ある文化圏において，建築，技術，記念碑的芸術，町並み計画，景観デザインの発展に関し，人類の価値の重要な交流を示すもの。 (ⅳ) 人類の歴史上重要な時代を例証する，ある形式の造造物，建築物群，技術の集積，または，景観の顕著な例。 (ⅵ) 顕著な普遍的な意義を有する出来事，現存する伝統，思想，信仰，または，芸術的，文学的作品と，直接に，または，明白に関連するもの。
登録年月	2001年12月（第25回世界遺産委員会ヘルシンキ会議）
登録物件の概要	ウィーンの歴史地区は，首都ウィーンの真ん中の直径1km程度の旧市街地が中心。中世時代から城壁に取り囲まれていたウィーンの歴史地区は，その建築的，そして，都市の資質として，建築，美術，音楽，文学の歴史に関連して重要な価値を有している。歴史地区の都市と建築は，ゴシック様式の聖シュテファン寺院をはじめ，中世，バロック，そして，近代の3つの主要な段階の発展を反映するものであり，オーストリアと中央ヨーロッパの歴史のシンボルとなった。本来都市が拡大するべきバロック時代には，迫り来るオスマントルコの脅威が大きく城壁外へは拡大できなかった。しかし，1699年のカルロビッツ和約で，オイゲン公がオスマントルコを東に追いやり，市街地は一気に城壁の外側へと拡大し建築ブームが起こった。 また，ウィーンは，ワルツ王ヨハン・シュトラウスなど偉大な作曲家を数多く生んだ16〜20世紀の音楽史，特に，ウィーン古典主義やロマン主義において基礎的な発展を遂げ，ヨーロッパの「音楽の首都」としての名声を高めた。
分類	歴史都市
物件所在国	オーストリア共和国（**Republic of Austria**）
首都	ウィーン
民族	ドイツ系，ハンガリー人，スロヴェニア人，クロアチア人
宗教	カトリック，プロテスタント
言語	ドイツ語
物件所在地	ウィーン市内
文化施設	国立オペラ座，美術史博物館，モーツアルト記念館など多数
交通アクセス	ウィーン・シュヴェッヒャート空港から車で約20分
観光案内所	ウィーン市観光局（A-1023 Wien, Obere Augartenstrasse 40）
備考	ウィーン市内の周遊，観光にはウィーンカードが便利

世界遺産学入門―もっと知りたい世界遺産― ウィーンの歴史地区

ベルベデーレ宮殿の庭園からウィーンの中心部を望む
遠方に見えるのが聖シュテファン寺院

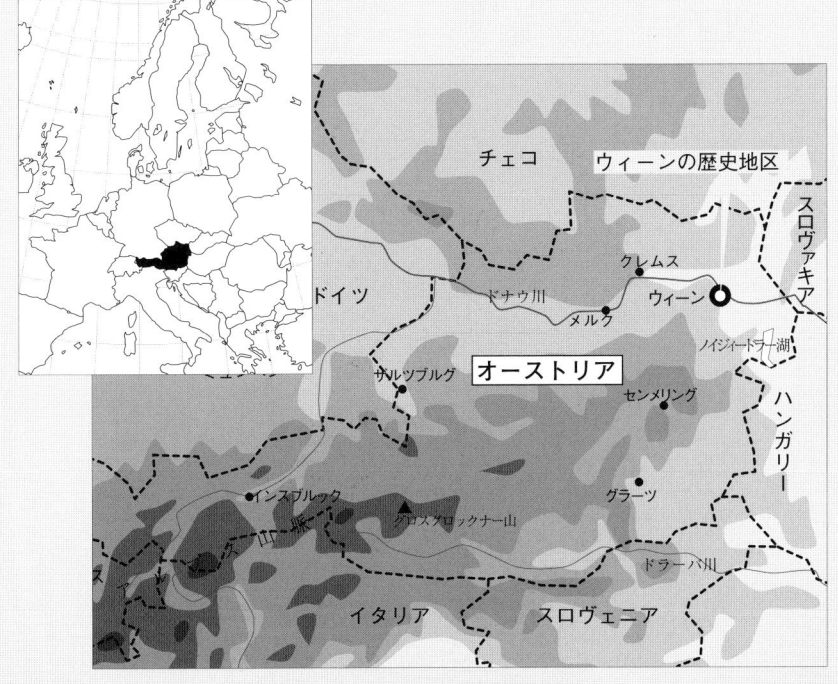

北緯48度13分　東経16度23分

多様な世界遺産

関税同盟炭坑の産業遺産

登録物件名	Zollverein Coal Mine Industrial Complexin
遺産種別	文化遺産
登録基準	(ⅱ) ある期間を通じて，または，ある文化圏において，建築，技術，記念碑的芸術，町並み計画，景観デザインの発展に関し，人類の価値の重要な交流を示すもの。 (ⅲ) 現存する，または，消滅した文化的伝統，または，文明の，唯一の，または，少なくとも稀な証拠となるもの。
登録年月	2001年12月（第25回世界遺産委員会ヘルシンキ会議）
登録物件の概要	関税同盟炭坑の産業遺産は，ドイツ西部，ルール地方の中心をなす工業都市エッセンを中心に展開するヨーロッパでも有数の建築・産業技術史上の貴重な遺産。なかでも1834年に創設されたドイツ関税同盟第12立坑の設備の建物の高い建築の質は，特筆される。1930年にエッセン北部に分散していた関税同盟炭坑の石炭採掘施設を統合する目的でつくられ開設当時は世界最大かつ最新の採炭施設であった。能率よりも美的側面を強調した建築物としての価値も極めて高い。1929年にバウハウスの影響を受けた建築家のフリッツ・シュップとマルティン・クレマーがエンジニアとの緊密な協力の下に建造したもので，1932年に操業を開始し，第12立坑は1986年に，コークス炉は，1993年に役目を終えた。その後，IBA（国際建築博覧会）エムシャーパーク・プロジェクトの一環として，エッセン市がノルトライン・ヴェストファーレン州開発公社と共同で雇用創出機関「バウヒュッテ」を創設し，炭鉱の全施設を保全，改修，再利用している。
分類	産業・技術遺産，記念碑的建造物，炭坑
物件所在国	ドイツ連邦共和国（Federal Republic of Germany）
首都	ベルリン
民族	ゲルマン民族
宗教	プロテスタント，カトリック
言語	ドイツ語
物件所在地	ノルトライン・ヴェストファーレン州エッセン市
文化施設	関税同盟炭坑博物館（Museum Zeche Zollverein） ☎+49-201-30 20-133 Zeche Zollverein Schacht XII Gelsenkirchener Str. 181, D-45309 Essen
交通アクセス	エッセン中央駅から電車（107線）でZollverein駅下車，徒歩
備考	ノルトライン・ヴェストファーレン州経済振興公社の日本法人 〒102-0094　東京都千代田区紀尾井町4-1-7F　☎03-5210-2300

世界遺産学入門ーもっと知りたい世界遺産ー　関税同盟炭坑の産業遺産

デザイン，美術，演劇，音楽の活動空間として活用されている関税同盟第12立坑

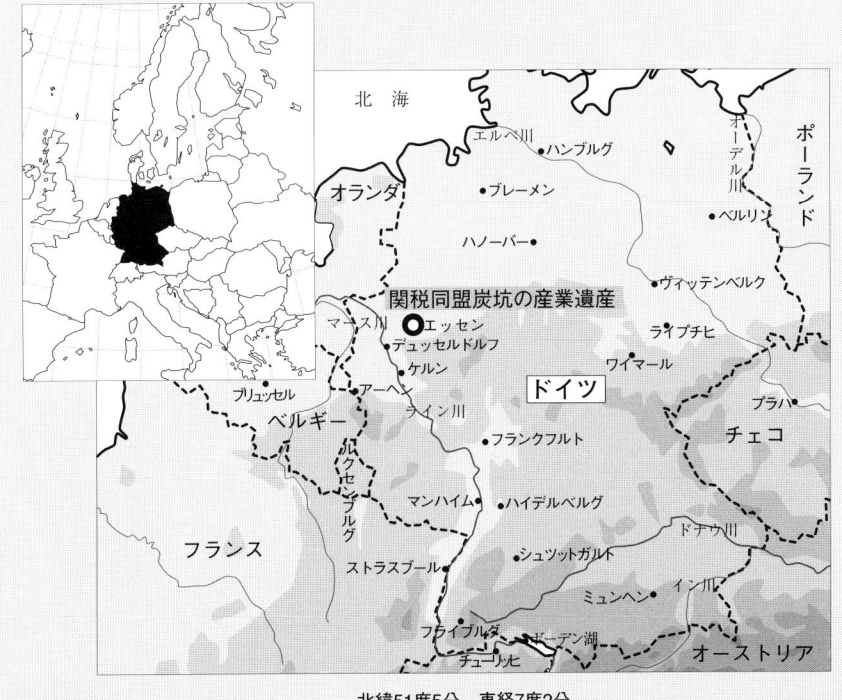

北緯51度5分　東経7度2分

ブルノのトゥーゲントハット邸

登録物件名	Tugendhat Villa in Brno
遺産種別	文化遺産
登録基準	（ii）ある期間を通じて，または，ある文化圏において，建築，技術，記念碑的芸術，町並み計画，景観デザインの発展に関し，人類の価値の重要な交流を示すもの。 （iv）人類の歴史上重要な時代を例証する，ある形式の建造物，建築物群，技術の集積，または，景観の顕著な例。
登録年月	2001年12月（第25回世界遺産委員会ヘルシンキ会議）
登録物件の概要	ブルノのトゥーゲントハット邸は，かつてはモラビア王国の首都として栄えたチェコ第2の都市ブルノの近郊にある。バウハウスのディレクターで，建築家のミース・ファン・デル・ローエ（1886〜1969年）が設計した。この住宅は，トゥーゲントハット夫妻の結婚後の新居として，1930年，ブルノ郊外の閑静な住宅地に建設された。近代建築の記念碑的な作品として知られる1929年の「バルセロナ国際博覧会ドイツ館」と同じ時期にデザインされたこの住宅において，ミースはそのダイナミックな空間概念を住宅というプログラムに応用した。道路側からみると一見，平屋に見えるが，敷地が急な傾斜地である為，実際には上下ふたつの階から構成されている。玄関がある上階には家族のプライベートな個室が配され，下階は，居間，食堂，台所，書斎などからなる開放的なリヴィング・スペースとなっている。
分類	建築記念物，住宅
物件所在国	チェコ共和国（The Czech Republic）
首都	プラハ
民族	西スラブ系チェコ人，スロヴァキア人
宗教	カトリック
言語	チェコ語
物件所在地	モラヴィア地方ブルノ市
交通アクセス	ブルノへは，プラハから特急列車で約3時間，バスで2.5時間 トゥーゲントハット邸へは，車，タクシー，或は，バス
備考	トゥーゲントハット邸は，現在，ブルノ市立博物館が管理している。

世界遺産学入門ーもっと知りたい世界遺産ー　ブルノのトゥーゲントハット邸

トゥーゲントハット邸

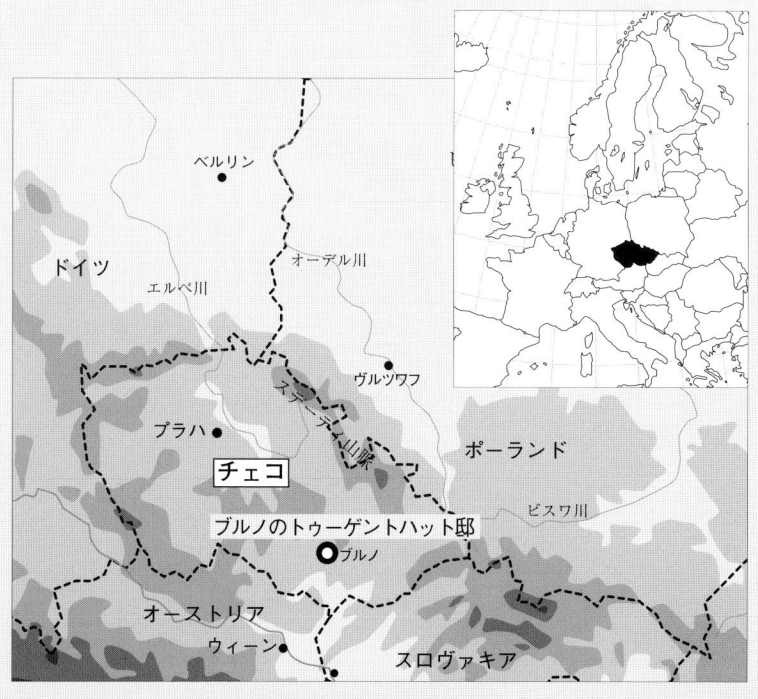

北緯49度12分　東経16度37分

多様な世界遺産

ヤヴォルとシフィドニツァの平和教会

登録物件名	Churches of Peace in Jawor and Swidnica
遺産種別	文化遺産
登録基準	(ⅲ) 現存する，または，消滅した文化的伝統，または，文明の，唯一の，または，少なくとも稀な証拠となるもの。 (ⅳ) 人類の歴史上重要な時代を例証する，ある形式の建造物，建築物群，技術の集積，または，景観の顕著な例。 (ⅵ) 顕著な普遍的な意義を有する出来事，現存する伝統，思想，信仰，または，芸術的，文学的作品と，直接に，または，明白に関連するもの。
登録年月	2001年12月（第25回世界遺産委員会ヘルシンキ会議）
登録物件の概要	ヤヴォルとシフィドニツァの平和教会は，ロアー・シレジア地方のブロツワフ市近郊にある。14～15世紀に発展したヤヴォル・シュフィドニツァ公国は，領土の西の境界が現在のドイツのベルリンの郊外辺りに達するくらいまで拡大していた。当時，シュフィドニツァは，シレジア地方で，ブロツワフ市に次ぐ第2の都市であった。ヤヴォルとシフィドニツァの平和教会は，ヨーロッパにおける特殊な政治的，そして，精神的な発展を証言するもので，建築業者や社会に伝統的な技術を使って顕著な技術と建築に見合うものを造らせるといった困難な状況にあった。ヤヴォルとシフィドニツァの平和教会は，宗教社会の信仰の建築と芸術を代表するもので，その意志は今も引き継がれている。プロテスタントは，カトリックが主流のシレジア地方で，1648年のウェストファリア条約で宗派上の30年戦争（1618～48年）も終り宗教平和も回復した為，この種の教会堂を3つだけ建てることを許された。この様な困難な環境の下にこの社会が前代未聞の傑作を創造した。ヤヴォルとシフィドニツァの平和教会は，丸太の木材を使った熟達した手工芸作品である。
分類	宗教建築物，教会
物件所在国	ポーランド共和国（Republic of Poland）
首都	ワルシャワ
民族	西スラブ系，ウクライナ人，ベラルーシ人
宗教	カトリック，ポーランド独立自治正教,，プロテスタント
言語	ポーランド語
物件所在地	ロアー・シレジア地方ヤヴォル，シフィドニツァ
交通アクセス	ブロツワフから車

世界遺産学入門―もっと知りたい世界遺産― ヤヴォルとシフィドニツァの平和教会

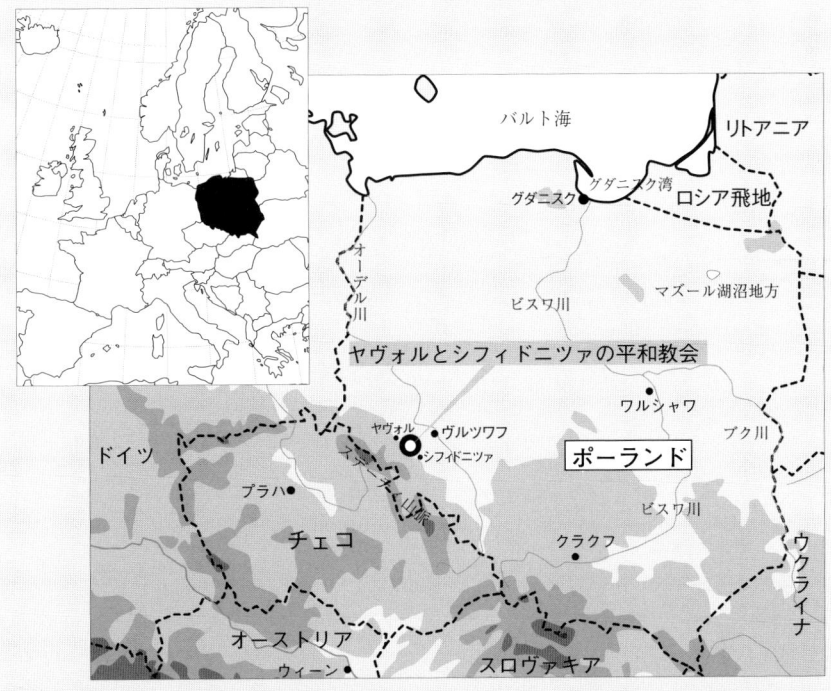

ヤヴォルの平和教会

ヤヴォルとシフィドニツァの平和教会

ヤヴォル北緯51度4分　東経16度12分　シフィドニツァ北緯50度50分　東経15度29分

ファールンの大銅山の採鉱地域

登録物件名	The Mining Area of the Great Copper Mountain in Falun
遺産種別	文化遺産
登録基準	(ⅱ) ある期間を通じて，または，ある文化圏において，建築，技術，記念碑的芸術，町並み計画，景観デザインの発展に関し，人類の価値の重要な交流を示すもの。 (ⅲ) 現存する，または，消滅した文化的伝統，または，文明の，唯一の，または，少なくとも稀な証拠となるもの。 (ⅴ) 特に，回復困難な変化の影響下で損傷されやすい状態にある場合における，ある文化（または，複数の文化）を代表する伝統的集落，または，土地利用の顕著な例。
登録年月	2001年12月（第25回世界遺産委員会ヘルシンキ会議）
登録物件の概要	ファールンは，森と湖の美しい自然と民族的伝統が色濃く残るスウェーデン手工芸の宝庫であるダーラナ地方の中心都市。ファールンは，中世商業と製材業が盛んであり，20世紀末に閉山したが，スウェーデン経済を支え，何世紀にもわたって，ヨーロッパの経済，社会，政治の発展に強い影響を及ぼした有名な銅鉱山があった。ファールンの大銅山は，全盛期には世界の2／3の銅を産出したといわれている。ファールンの大銅山とその文化的景観は，ここが鉱工業の最も重要な地域の一つであったことの名残りを銅鉱山の巨大な露天掘りの採掘現場，坑道跡などに見られるように今も色濃く留めている。構内には立派な博物館もあり鉱山の歴史や模型，採掘道具などが展示されている。
分類	産業・技術遺産，鉱山
物件所在国	スウェーデン王国（**Kingdom of Sweden**）
首都	ストックホルム
民族	北方ゲルマン系
宗教	福音ルーテル派
言語	スウェーデン語
物件所在地	ダーラナ地方ファールン
文化施設	ダーラナ博物館（Dalarnas Museum）
交通アクセス	ストックホルムから車
現地観光案内所	Falun Tourist Information（Trotzgatan 10-12　℡46-23-830 50）
備考	ファールンは，スウェーデンの有名な画家カール・ラーションの出身地。住んでいた家は，現在，博物館になっている。

世界遺産学入門―もっと知りたい世界遺産―　ファールンの大銅山の採鉱地域

ファールン銅鉱山の巨大な露天掘りの採掘跡
（写真提供）KOPPARBERGET

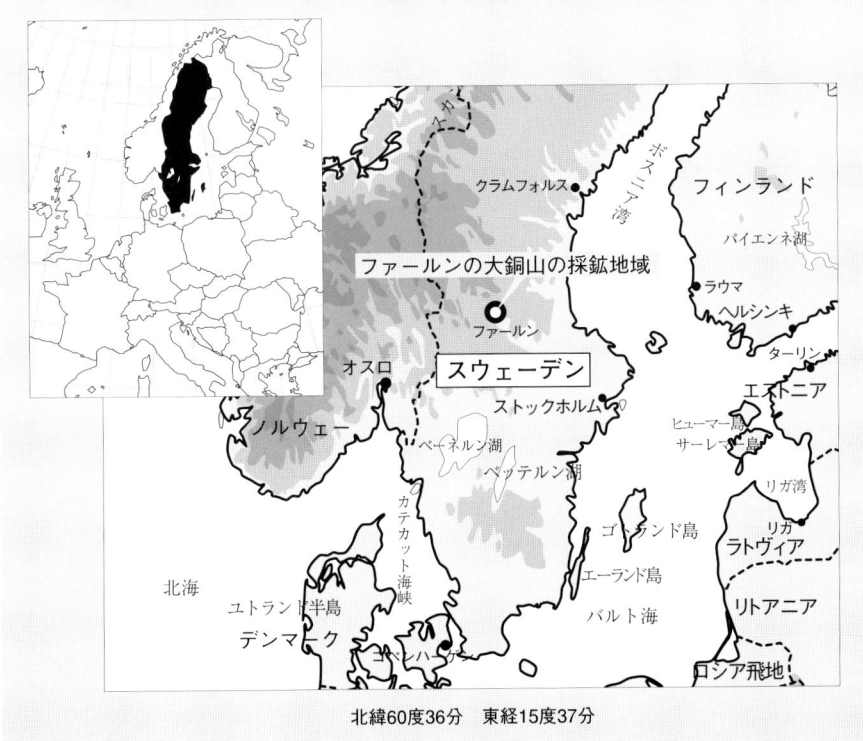

北緯60度36分　東経15度37分

多様な世界遺産

中央シホテ・アリン

登録物件名	Central Sikhote-Alin
遺産種別	自然遺産
登録基準	(iv) 生物多様性の本来的保全にとって、もっとも重要かつ意義深い自然生息地を含んでいるもの。これには、科学上、または、保全上の観点から、すぐれて普遍的価値をもつ絶滅の恐れのある種が存在するものを含む。
登録年月	2001年12月（第25回世界遺産委員会ヘルシンキ会議）
登録物件の概要	中央シホテ・アリンは、ロシア南東部、沿海州、ナホトカの北東およそ400km、日本海に面する高地に展開する、シベリア・トラが棲む森林帯。最高峰は2003mとそれほど高くはないシホテアリン山地はアジア大陸のなかではきわめて最近に誕生した。シホテアリン山地は7000万年から4500万年の間の造られた溶結凝灰岩でおおわれている。中央シホテ・アリンのテルネイ地区は、シホテ・アリン自然保護区（401,428ha）、テルネイ北部の日本海岸は、動物保護区（4,749ha）に指定されている。中央シホテ・アリンの自然は、シベリア南部を横断する山地帯の東南の端で、原始のままのカラマツ、エゾマツ、トドマツ、モミなどのタイガ（針葉樹森林地帯）およびベリョースカ（白樺）とベリョーザなどの広葉樹林の混交林が大森林地帯が残っている。そして、ミミズク、オオカミ、クマ、それに、絶滅の危機にさらされているアムール・トラ（シベリア・トラ、ウスリー・トラとも呼ばれる）などの野生動物の生息地としても知られている。シホテアリン山地でいちばん大きな町は人口10万人をこす鉱山町のダリニゴルスクである。
分類	生物地理地域、自然保護区、動物保護区
物件所在国	ロシア連邦（Russian Federation）
首都	モスクワ
民族	ロシア人、タタール人など
宗教	ロシア正教、カトリック
言語	ロシア語
物件所在地	沿海州テルネイスキー、ダリニゴルスクほか
交通アクセス	テルネイから車
備考	飛行機の上空からこの地域が見える場合がある。

中央シホテ・アリンの北部から日本海に流れるサマルガ川（写真は中流）

多様な世界遺産

レオン・ヴィエホの遺跡

登録物件名	Ruins of Leon Viejo
遺産種別	文化遺産
登録基準	(iii) 現存する，または，消滅した文化的伝統，または，文明の，唯一の，または，少なくとも稀な証拠となるもの。
	(iv) 人類の歴史上重要な時代を例証する，ある形式の建造物，建築物群，技術の集積，または，景観の顕著な例。
登録年月	2000年12月（第24回世界遺産委員会ケアンズ会議）
登録物件の概要	レオン・ヴィエホの遺跡は，火山国ニカラグアの北西部，レオン市の南方30kmにある。レオン・ヴィエホ（旧レオン）は，アメリカ大陸で最も古いスペイン植民都市の一つで，1524年に，グラナダとほぼ同時に建設された。しかしながら，1605年にマナグア湖にのぞむモモトンボ火山の噴火と地震によって，レオン・ヴィエホの町は埋没した。2000年に，スペインの征服者で，レオン・ヴィエホの町をつくったフランシスコ・ヘルナンデス・デ・コルドバの遺骸がレオン・ヴィエホ教会があった祭壇で発見された。1968年に発掘調査が開始され，これまでに，大聖堂や総督邸，修道院の基礎部分などが発掘されている。 レオン・ヴィエホの遺跡は，まだ，手付かずの場所も多く，16世紀当時の社会・経済構造を知る大きな手がかりとなり，その考古学的な価値とポテンシャルは，非常に大きい。レオン・ヴィエホの遺跡は，中米版の「ポンペイの遺跡」ともいえる。
分類	考古学遺跡，都市遺構
物件所在国	ニカラグア共和国（Republic of Nicaragua）
首都	マナグア
民族	メスティソ，白人
宗教	カトリック教
言語	スペイン語
物件所在地	レオンの南方30kmのプエルト・モモトンボ
交通アクセス	レオンから車

世界遺産学入門―もっと知りたい世界遺産― レオン・ヴィエホの遺跡

レオン・ヴィエホは1605年にモモトンボ火山の噴火によって埋没した。

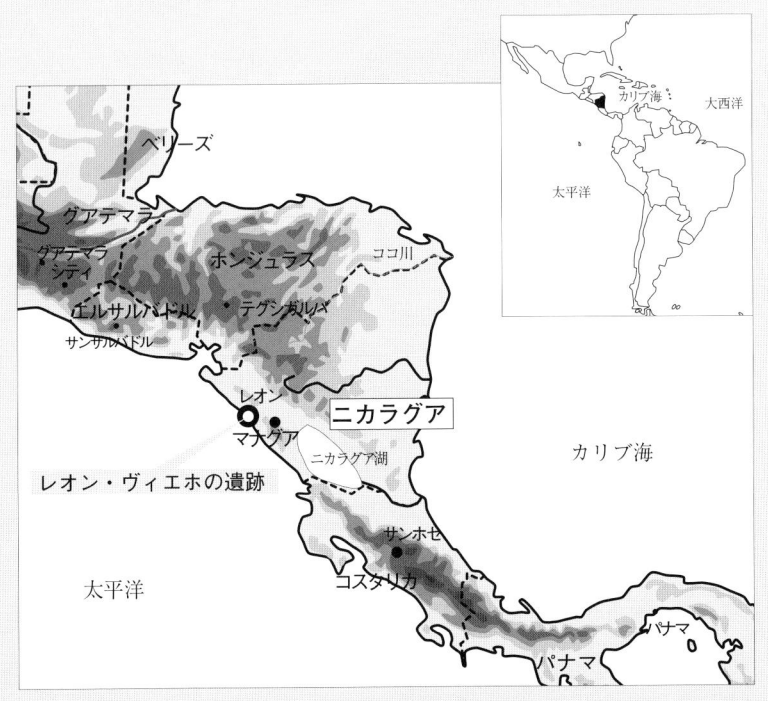

北緯12度24分　西経86度52分

多様な世界遺産

ガラパゴス諸島

登録物件名	Galapagos Islands
遺産種別	自然遺産
登録基準	（ⅰ）地球の歴史上の主要な段階を示す顕著な見本であるもの。これには，生物の記録，地形の発達における重要な地学的進行過程，或は，重要な地形的，または，自然地理的特性などが含まれる。 （ⅱ）陸上，淡水，沿岸，及び，海洋生態系と動植物群集の進化と発達において，進行しつつある重要な生態学的，生物学的プロセスを示す顕著な見本であるもの。 （ⅲ）もっともすばらしい自然的現象，または，ひときわすぐれた自然美をもつ地域，及び，美的な重要性を含むもの。 （ⅳ）生物多様性の本来的保全にとって，もっとも重要かつ意義深い自然生息地を含んでいるもの。これには，科学上，または，保全上の観点から，すぐれて普遍的価値をもつ絶滅の恐れのある種が存在するものを含む。
登録年月	1978年12月（第2回世界遺産委員会ワシントン会議） 2001年12月（第25回世界遺産委員会ヘルシンキ会議）
登録物件の概要	ガラパゴス諸島は，エクアドルの西方960kmの太平洋上にある19の島からなる火山群島。ガラパゴスは，スペイン語で「ゾウガメの島々」の意味を持つ。諸島の成立は数百万年前。主島のイサベラ島，サンタ・クルス島をはじめとする島々は，現在も活発な火山活動を続けている。島の誕生以来，どこの大陸とも隔絶された環境の中，ゾウガメ，リクイグアナ，ウミイグアナ，ウミトカゲ，グンカンドリ，ペンギン，ガラパゴスコバネウなど独自の進化を遂げた動植物が数多く生息する。チャールズ・ダーウィンの進化論の島として有名なこの諸島は，現在も世界中の研究者に貴重な生物学資料を提供している。
分類	生物地理地域，国立公園，海洋保護区
物件所在国	エクアドル共和国（**Republic of Ecuador**）
首都	キト
民族	メスティソ，インディオ
宗教	カトリック，プロテスタント。ユダヤ教
言語	スペイン語　ケチュア語
物件所在地	ガラパゴス州サン・クリストバル，サンタ・クルス，イサベラ
保護基金	チャールズ・ダーウィン基金（Charles Darwin Foundation） ガラパゴス保護トラスト（Galapagos Conservation Trust）
交通アクセス	エクアドルのグアヤキル，或は，キトからサン・クリストバル空港まで飛行機　それぞれの島には船で移動。

世界遺産学入門―もっと知りたい世界遺産― ガラパゴス諸島

サンサルバドル島の属島、バルトロメ島のピナクル・ロックとリクイグアナ

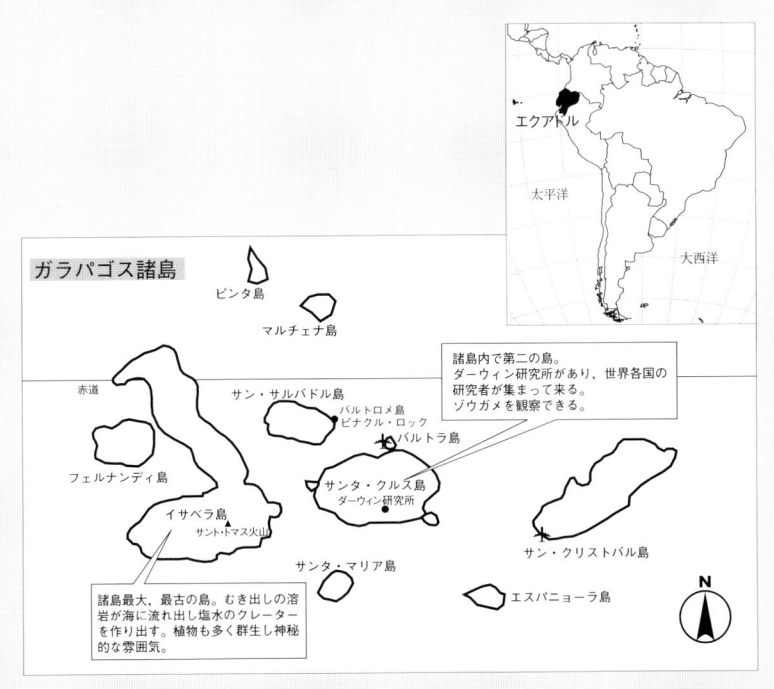

ガラパゴス諸島

- ピンタ島
- マルチェナ島
- 赤道
- サン・サルバドル島
- バルトロメ島 ピナクル・ロック
- バルトラ島
- フェルナンディ島
- サンタ・クルス島 ダーウィン研究所
- イサベラ島 サント・トマス火山
- サンタ・マリア島
- サン・クリストバル島
- エスパニョーラ島

諸島内で第二の島。ダーウィン研究所があり、世界各国の研究者が集まって来る。ゾウガメを観察できる。

諸島最大、最古の島。むき出しの溶岩が海に流れ出し塩水のクレーターを作り出す。植物も多く群生し神秘的な雰囲気。

エクアドル　太平洋　大西洋

南緯1度36分　西経89度16分

多様な世界遺産

ゴイヤスの歴史地区

登録物件名	Historic Centre of the Town of Goias
遺産種別	文化遺産
登録基準	(ii) ある期間を通じて，または，ある文化圏において，建築，技術，記念碑的芸術，町並み計画，景観デザインの発達に関し，人類の価値の重要な交流を示すもの。 (iv) 人類の歴史上重要な時代を例証する，ある形式の建造物，建築物群，技術の集積，または，景観の顕著な例。
登録年月	2001年12月（第25回世界遺産委員会ヘルシンキ会議）
登録物件の概要	ゴイヤスは，ブラジル中西部，首都ブラジリアの西250 km，州都ゴイアニア（ゴヤニア）から132 kmの地点にあるゴイヤス州の旧州都。金を探してサンパウロからやってきたバンディランテス（開拓者達）が1727年に創った旧ヴィラ・ボヤ市がゴイヤス文化の揺籃の地となった。ゴイヤスの都市を知ることは，ブラジルの歴史を知ることでもある。中央ブラジルの植民地として重要な役割を果たしたゴイヤスの都市計画は，植民都市が有機的に発展した顕著な事例。ゴイヤスの建築の特徴は，地元の職人により地元の素材で造られたもので，性格的には質素で地味であるが，全体的には調和している。ロサリオ教会，聖母マリア教会，聖フランシス教会などの教会，住居，宮殿，それに，でこぼこの石が敷き詰められた狭い街路などにその名残が残る。ゴイヤスの日本語表記は，ゴヤース，ゴイアスがある。
分類	歴史都市
物件所在国	ブラジル連邦共和国（Federative Republic of Brazil）
首都	ブラジリア
民族	欧州系白人，インディオ，アフリカ黒人，アジア系
宗教	カトリック教，カンドンブレ
言語	ポルトガル語
物件所在地	ゴイヤス州ゴイヤス
交通アクセス	ゴイアニアから車

聖母マリア教会

多様な世界遺産

南緯15度56分　西経50度52分

アレキパ市の歴史地区

登録物件名	**Historical Centre of the City of Arequipa**
遺産種別	文化遺産
登録基準	(ⅰ) 人類の創造的天才の傑作を表現するもの。 (ⅳ) 人類の歴史上重要な時代を例証する,ある形式の建造物,建築物群,技術の集積,または,景観の顕著な例。
登録年月	2000年12月(第24回世界遺産委員会ケアンズ会議)
登録物件の概要	アレキパ市の歴史地区は,リマから1030km,標高2380mにあるペルー第2の都市で羊毛の集散地のアレキパにある。アレキパの名前の由来は,この町を建設したインカ帝国の第4代皇帝のマイタ・カパックが言った,ここへ住みなさいという意味の「アリ・ケパイ」というケチュア語。アレキパの町の中心には,コロニアルなアーチに囲まれたアルマス広場があり,北側には,白くて巨大なカテドラルが清楚に立ちはだかる。アレキパは1579年に建てられたサンタ・カタリナ修道院をはじめ町中の建物が白い火山岩で造られていることから,別名「白い町」(Ciudad Blanca)とも呼ばれる。また,市内からは,活火山のミスティ山やチャチャニ山も望める。 2001年6月23日にM8.1の大地震に見舞われカテドラルの修復などにユネスコからも緊急援助がなされた。
分類	歴史都市
物件所在国	ペルー共和国(**Republic of Peru**)
首都	リマ
民族	メスティソ,インディヘナ,ヨーロッパ系,東洋系
宗教	ローマ・カトリック教,土着宗教
言語	スペイン語 ケチュア語 アイマラ語
物件所在地	アレキパ市
交通アクセス	リマから飛行機で1時間10分,或は,リマから車で17〜19時間

世界遺産学入門―もっと知りたい世界遺産―　アレキパ市の歴史地区

アルマス広場の白いカテドラル

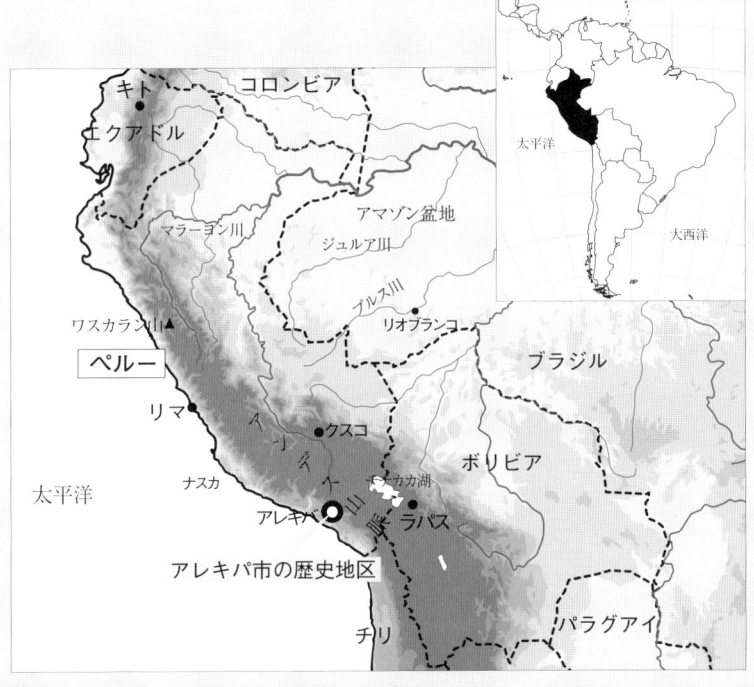

南緯16度24分　西経71度32分

多様な世界遺産

世界遺産との出会いとこれから

広島の平和記念碑（原爆ドーム）
(Hiroshima Peace Memorial (Genbaku Dome))
文化遺産（登録基準(ⅵ)）　1996年
世代や国を超えて，核兵器の究極的廃絶と世界平和の大切さを永遠に訴え続ける人類共通の平和記念碑

Q 世界遺産に興味をもたれたきっかけは？

古田 なにごとにも運命のいたずらというか、出会いというのがありますが、世界遺産との出会いもそのような運命的なものを感じます。日本が世界遺産条約を受諾した1992年6月頃のことです。ある日、広島商工会議所でセミナーを開催していた時のことでした。広島商工会議所は原爆ドームのそばにあるのですが、会議室の窓のカーテンを開けた時、眼前にあの原爆ドームが出現しました。私に何かを訴えかける様な運命的なシーンは今でも忘れられません。

1989年に東京での15年半の会社生活にピリオドをうち、郷土の広島に帰り、翌年、シンクタンクせとうち総合研究機構を立ち上げました。21世紀の地域づくり・都市づくり・まちづくりを本来めざしたところですが、活路と将来展望が見出せない時に出会ったテーマが「顕著な普遍的価値」を有する「世界遺産」だったのです。背景として、地元広島の「原爆ドーム」（文化遺産 1996年登録）の世界遺産化運動、それに、「厳島神社」（文化遺産 1996年登録）の世界遺産登録などの運動を側から見て触発されたのも事実です。

東京での商社マン生活は、海外業務（中近東、アフリカ、欧州）を担当し、1975年以降のレバノン紛争や1980年のローデシア（現在のジンバブエ）の独立等世界の政治、経済、社会等を学んだ経験が今も生きており、グローバルな視点で世界遺産を研究できる素地になっています。それに、海外とも直接コミュニケーションが出来るようになったインターネットの普及が味方してくれたように思います。

Q 今までに行かれた世界遺産、感動された世界遺産を挙げてください。

古田 今までに行った世界遺産は、アジアでは、「万里の長城」、「故宮」、「北京の天壇」、「蘇州の古典庭園」（中国）、「石窟庵と仏国寺」、「八萬大蔵経のある伽倻山海印寺」、「宗廟」、「昌徳宮」、「水原の華城」、「慶州の歴史地域」（韓国）、「アユタヤ遺跡と周辺の歴史地区」（タイ）、オセアニアでは、「グレート・バリア・リーフ」、「クィーンズランドの湿潤熱帯地域」、「グレーター・ブルー・マウンティンズ地域」（オーストラリア）、ヨーロッパでは、「ヴァチカン・シティー」（ヴァチカン）、「ローマの歴史地区」、「ナポリの歴史地区」、「ポンペイ」（イタリア）、「ウエストミンスター・パレス、ウエストミンスター寺院、聖マーガレット教会」、「ロンドン塔」（イギリス）、「パリのセーヌ河岸」、「ヴェルサイユ宮殿と庭園」（フランス）、「ブリュッセルのグラン・プラス」、「フランドル地方とワロン地方の鐘楼」、「フランドル地方のベギン会院」、「ブリュージュの歴史地区」、「建築家ヴィクトール・オルタの主な邸宅」（ベルギー）、「中世要塞都市の遺構」（ルクセンブルグ）、「ケルン大聖堂」、「メッセル・ピット化石発掘地」（ドイツ）、「ウィーンの歴史地区」、「シェンブルン宮殿」（オーストリア）、「プラハの歴史地区」（チェコ）、「ブダペスト、ブダ城地域とドナウ河畔」（ハンガリー）、アメリカでは、「自由の女神像」（アメリカ合衆国）、「カナディアン・ロッキー山脈公園」（カナダ）などです。

感動した世界遺産としては、「ブリュージュの歴史地区」（文化遺産 2000年登録 ベルギー）の絵のような美景、ライン川の河畔から見た「ケルン大聖堂」（文化遺産 1996年登録 ドイツ）の夕景、サルファー山から見た「カナディアン・ロッキー山脈公園」（自然遺産 1984年登録 カナダ）のカスケード山とバンフの町の風景などを挙げることができます。

日本の世界遺産については、ほとんど回っていますが、個人的に好きなのは、日本の農村の原風景と調和した「白川郷・五箇山の合掌造り集落」（文化遺産 1995年登録）、それに、東寺、清水寺、鹿苑寺（金閣寺）、慈照寺（銀閣寺）、高山寺、醍醐寺など個々の社寺が凛と存在を誇る「古都京都の文化財」（文化遺産 1994年登録）でしょうか。

Q 講座や講演会などに参加する人々はどんな人たちなのでしょう。

古田　一般的には自然環境や文化財が好きな人，時間的にも心にもゆとりがあり，海外や国内の旅行によく行っておられる方が多いようです。年齢的には，会社生活をリタイアされた60代の方が一番多いこと。また，一方においては，大学生など自由度が高い20代の方が多いこと，30～40代は興味や関心はあっても働き盛りで時間がとれないせいか男性の方は少ないです。男女に共通する点は，知的好奇心や勉強が好きな方々ばかりです。

Q 主宰されている世界遺産総合研究センターの役割とは？

古田　私どもの世界遺産総合研究センターは，シンクタンクせとうち総合研究機構の付属機関として1998年9月に設立しました。活動内容は，文字通り，世界遺産の総合的な研究をグローバルな視点で，多角的に行っていくことにあります。それも，自然環境や文化財などの有形遺産だけではなく，人類の口承及び無形遺産なども包含し，世界遺産を超えた地球遺産というキュービックなとらえ方をしております。研究成果は，「世界遺産ガイド」などをシリーズで出版しているほか，「世界遺産講座」などを通じ，全国的な講演活動を行っています。日本の各地で世界遺産登録をめざした運動が活発になりつつありますが，独自の「世界遺産データベース」の構築と「世界遺産化可能性調査」への協力などを民間の立場から実施しています。

Q 日本では、世界遺産ブームで世界遺産巡りをするマニアのような旅人も出現していますが、海外ではどうなのでしょう。どれほど世界遺産は注目されているのでしょうか。

古田　欧米では，「ヘリティッジ・ツーリズム」は，以前から盛んなようですね。「カルチュラル・ツーリズム」とか「エコ・ツーリズム」の旅行先に世界遺産地が含まれていることが多いようです。世界遺産に関しては，国によって温度差があるのは事実です。やはり，新聞やテレビなどマス・メディアの取り上げ方によって，国民の世界遺産の認知度や認識が異なるのは事実ですね。世界遺産条約の歴史は30年になりますが，日本の場合は条約を受諾してから10年の歴史。欧米との歴史の違いとそのブームにはタイム・ラグがあるように感じています。
　世界遺産ファンが増えるのは結構なことですが，世界遺産は，「鑑賞上」の一面的な価値だけではなく，「人類学上」，「民族学上」，「歴史上」，「文化上」，「芸術上」，「景観上」，或は，「学術上」，或は，「保存上」など多面的な保存価値を有していることをリマインドして欲しいと思います。

Q 1978年から登録が始まった世界遺産ですからそろそろ30年が経とうとしています。その間の傾向（変化）と最近の動向はどうなっていますか。また、今後、世界遺産はどんどん追加されていくのでしょうか。

古田　1972年に世界遺産条約がユネスコ総会で採択されて，2002年で30周年を迎えます。第1回世界遺産委員会が開催された1977年当初は30か国ほどだった世界遺産条約締約国も，現在では167か国までになり，登録遺産数も年々増加し，2001年には31物件が登録されました。
　この間，自然遺産と文化遺産との数の不均衡，欧米地域の世界遺産の数の偏りなど解決すべ

き問題や課題も発生しています。これらは，1994年に世界遺産委員会が「世界遺産の戦略的課題に関するグローバル・ストラテジー」の中で，当面する重点課題を示しました。
　その一環として，1999年10月に開催された第12回世界遺産条約締約国の総会で「世界遺産リストの代表性を確保する方法と手段」という方針が決議されました。
　一つは，まだ世界遺産リストに十分に登録されていない新たな分野に焦点をあてること。二つは，物件の価値を厳格にとらえると共に世界遺産の不均衡是正の対策として登録数の多い国は推薦を自粛すること。三つは，推薦国政府が保護に対してその持てる限りの手段で全力を注いでいることの証明が示されるまで登録は差し控えることなどです。
　簡単にいうと，世界遺産の多様性が求められる一方，今後，世界遺産の選定にあたっては新登録物件の数についても厳選していく考えで，新たに登録される物件は，申請，専門家の評価，会議での審議のあらゆる段階で厳選されていく傾向にあり，世界遺産にふさわしいあらゆる分野や地域を代表するものがグローバル・ストラテジーの一環として求められています。
　2003年に開催される第27回世界遺産委員会では，新登録物件数は最高でも30に留めるとの方針が示されており，世界遺産の質的な真価が問われています。

Q　世界遺産学といった学問は存在するのでしょうか。また、現在はないとしてもこれから大学などで研究されるテーマとなっていくのでしょうか。

古田　日本で，最初に「世界遺産学」という言葉を造ったのは私が多分最初だと思います。「仮に，世界遺産学という学問があるとすれば，ユネスコの世界遺産はきわめて学際的（Interdisciplinary）で博物学的なものです。自然学，地理学，地形学，地質学，生物学，生態学，人類学，考古学，歴史学，民族学，民俗学，宗教学，言語学，都市学，建築学，芸術学，国際学など地球と人類の進化の過程を学ぶ総合学問であり，生涯学習（Lifelong Learning）のテーマの一つとして選択されてみても興味の尽きないものです」と「世界遺産学のすすめ」と題して，あらゆる機会を通じて啓蒙してまいりました。
　ここ2～3年の動きですが，世界遺産についての関心が高まり，また世界遺産の保全に関わる人材育成の必要性が増大していくなかで，学問としての「世界遺産学」が出現し始めました。海外では，コットブス工科大学（ドイツ），フランソワ・ラブレー大学（フランス），北京大学（中国），日本では，筑波大学，東京芸術大学，東京大学，早稲田大学，奈良大学，長崎国際大学などの大学で，実質的な「世界遺産学」講座（World Heritage Studies Programme）が開設されていますし，ハーヴァード大学（アメリカ）などでも世界遺産にも関連する文化的景観などの専門講座が設けられています。
　また，私どもも世界遺産を総合的に学習する「世界遺産講座」を要請があれば，公民館の講座などで出講しています。

Q　日本の世界遺産のこれからについて。
　　暫定リストには、鎌倉の寺院・神社、彦根城、平泉の文化遺産、紀伊山地の霊場と参詣道、石見銀山遺跡が掲載されていますが、これらが登録となる見込みは？　またこれら以外にノミネートの可能性がある物件は？

古田　世界遺産締約国は，世界遺産委員会から5～10年以内に世界遺産に登録する為の推薦候補物件について「暫定リスト」（Tentative List）の目録を提出することが求められています。

「鎌倉の寺院・神社」,「彦根城」については,日本が世界遺産条約を締約した直後に提出された「暫定リスト」に記載された物件のうちの2件です。

「平泉の文化遺産」,「紀伊山地の霊場と参詣道」,「石見銀山遺跡」については,「暫定リスト」に掲載されたばかりで,今後,登録遺産の範囲の確定,新たな史跡指定など保護管理措置の担保,登録申請書類の作成などの準備作業があり,最短でも数年の時間を要するものと思われます。

順序で言えば,「鎌倉の寺院・神社」や「彦根城」は,そろそろ正式登録にこぎつけてもいい時期ですが,日本政府から,ユネスコ世界遺産センターに登録申請書類が出されていということは,まだ聞いておりません。

鎌倉については,「切岸」,「切り通し」を含めた世界遺産の登録範囲もさることながら,城塞都市としてのコンセプトが明確になっていないと聞いております。彦根城については,既に同種の姫路城が世界遺産に登録されている為,姫路城との違いやその代表性について「顕著な普遍的価値」を証明できていない状況にあると聞いております。

世界遺産委員会の開催月の変更（毎年12月から毎年6月へ）に伴う書類の提出期限（毎年2月1日まで）などから推察すると,2003年までは,日本からの新登録はない状況です。

またこれら以外にノミネートの可能性がある物件については,現在のところ聞いておりません。いずれにしても,文部科学省,文化庁,環境省,林野庁,外務省などで構成される関係省庁連絡会議で調整が図られ,文化審議会（前　文化財保護審議会）などで審議されることになります。

新たなものとしては,自然遺産については,自然公園法や自然環境保全法などの国内法で保護管理措置が講じられているもの,文化遺産については,文化的景観,産業遺産など文化の見地から高い価値を有し,文化財保護法で,国宝,重要文化財,特別史跡,特別名勝などに指定されている一群の文化財,自然遺産,文化遺産に共通する点は,特に世界的意義が認められるもの,日本の遺産を代表するもの,同種の物件の国内外における比較において代表的なものがノミネートされてくると思います。

Q　世界遺産条約を締約している国は、現在167か国ありますが、批准、受諾、加入の違いを説明してください。

古田　「批准」とは,いったん署名された条約を,署名した国がもち帰って再検討し,その条約に拘束されることについて,最終的,かつ,正式に同意することです。批准された条約は,批准書を寄託者に送付することによって正式に効力をもちます。

多数国条約の寄託者は,それぞれの条約で決められますが,世界遺産条約は,国連教育科学文化機関（ユネスコ）事務局長を寄託者としています。
「批准」、「受諾」、「加入」のどの手続きをとる場合でも,「条約に拘束されることについての国の同意」としての効果は同じなのですが,手続きの複雑さが異なります。

この条約の場合,「批准」,「受諾」は,ユネスコ加盟国がこの条約に拘束されることに同意する場合,「加入」は,ユネスコ非加盟国が同意する場合にそれぞれ用いる手続きです。
「批准」と他の2つの最大の違いは,わが国の場合,天皇による認証という手順を踏むことです。
「受諾」,「承認」,「加入」の3つは,手続的には大きな違いはなく,基本的には寄託する文書の書式,タイトルが違うだけです。

Q 世界遺産条約締約国であってもいまだ世界遺産がひとつもない国があります。こうした国の状況はどう考えたらよいですか。

古田 世界遺産条約締約国（167か国）の中で，世界遺産がある国は124か国ですから，いまだ世界遺産がひとつもない国は43か国になります。世界遺産条約は，毎年新たな物件を世界遺産リスト（World Heritage List）に登録していくことが究極の目的ではありませんが，地球人類の脅威からこれらの物件を保護・保全し救済，修復していくのが本来の趣旨のはずで，危機にさらされている世界遺産を救済していくことこそがその本旨だと思います。

例えば，戦争の渦中にあるアフガニスタンも世界遺産条約を1979年に締約していますが，現在，世界遺産リストに登録されている物件はありません。2001年3月にイスラム原理主義勢力のタリバンによって破壊された「バーミヤン石窟」は，1983年に開催された第7回世界遺産委員会フィレンツェ会議で，「バーミヤン峡谷の遺跡群」として，古代バクトリア王国の都跡である「アイ・ハヌムの考古学都市」，ティムール王朝の首都であった「ヘラートの市街と遺跡群」，ゴール王朝期の「ジャムのミナレット」と共に世界遺産リストへの登録の可否が審議されましたが，書類の不備，登録遺産の範囲，保護管理上の課題が指摘され，世界遺産リストへの登録が見送られたのです。

もしあの時，世界遺産に登録されていたら，現在のアフガニスタンの状況は異なっていたかもしれません。世界遺産学的な見地からも，戦争で貴重な歴史文化遺産が失われることを憂慮しています。

前述した43か国の多くは，いまだ「暫定リスト」も提出されていない状況で，文化財保護法などの国内法の未整備，マンパワーの不足などの課題も抱えており，こうした面での国際協力や世界遺産基金の活用を図るなどして，世界遺産への登録を実現していかなければなりません。

一方，世界遺産条約を締約していない国と地域にも世界遺産リストに登録されている物件に匹敵するすばらしい物件が数多くあります。これらの中には，危機にさらされている世界遺産と同様に，飢餓，貧困，人種，民族，領土問題などで深刻な危機に直面しているにもかかわらず放置されている物件も数多くあることを忘れてはいけません。これらの問題を抱えている国や地域こそ世界遺産条約の締約を促されなければならないと思うのです。

世界遺産委員会では，ヨーロッパ・北アメリカ（Europe & North America），ラテンアメリカ・カリブ（Latin America & the Caribbean），アラブ諸国（Arab States），アジア・太平洋（Asia & the Pacific），アフリカ（Africa）の5つの地域別にグローバル・ストラテジー（Global Strategy 世界遺産の地域的な均衡を図り，世界の多様な文化が反映した豊かな内容の世界遺産リストとする為の戦略）を企図し，これらの問題の解消に努めていくことが求められています。

Q 世界遺産の登録に積極的な国というのはどこでしょうか。

古田 世界遺産の登録は，数を競うものではありませんが，世界遺産の数が多い順（（ ）内は世界遺産条約締約年）に並べてみると，①スペイン（1982年）37　②イタリア（1978年）35　③フランス（1975年）28　③中国（1985年）28　⑤ドイツ（1976年）25　⑥イギリス（1984年）24　⑦インド（1977年）22　⑧メキシコ（1984年）21　⑨アメリカ合衆国（1973年）20　⑩ロシア連邦（1988年）17　⑩ブラジル（1977年）17　⑫ギリシャ（1981年）16　⑫オーストラリア（1974年）14　⑭カナダ（1976年）13　⑮ポルトガル（1980年）12　⑮スウェーデン（1985年）12　⑰チェコ（1993年）11　⑰日本（1992年）11　⑲ポーランド（1976年）10　⑰ペルー（1982年）10　という順位になります。これらの上位国を見てもわかる通り，スペイン，イタリ

ア，フランス，中国，ドイツからは，毎年といっていいほど新登録物件が出ていますので，世界遺産の登録に積極的な国といえます。

ここで，気掛かりなのは，アメリカ合衆国です。世界遺産条約を最初に締約したのはアメリカ合衆国（1973年）ですが，1995年の「カールスバッド洞窟群国立公園」，「ウォータートン・グレーシャー国際平和公園」の登録後，新登録物件が出てきていないことです。アメリカ合衆国は，1984年に政治的理由からかユネスコを脱退しましたが，その事もあって，世界遺産登録にも消極的になっているのでしょうか。

アメリカ合衆国の「暫定リスト」には，ワシントンD.C.の「ワシントン・モニュメント」，ニューヨークのマンハッタンに掛かる「ブルックリン橋」，アメリカとカナダの国境に掛かる「レインボー・ブリッジ」など80物件近くがノミネートされているのですが，最近の登録はありません。因みに1985年に同じくユネスコを脱退したイギリスは，ブレア政権になってから復帰し，新物件が登録されています。アメリカ合衆国のユネスコ復帰を望みます。

Q 世界遺産委員会の開催都市は、毎年異なっていますがどのように決められていますか。

古田 世界遺産委員会の開催都市は，世界遺産委員会の手続きルール（Rules of Procedure）に基づいて決められます。世界遺産委員会は，ユネスコ事務局長と協議の上，次の世界遺産委員会の開催日と開催場所を決定します。どの締約国も自国内の都市での世界遺産委員会の開催を招致することが出来ます。世界遺産委員会は，次の世界遺産委員会の開催地を決める際，公平なローテーションのもとに，異なる地域や文化をもった都市での開催に努めています。

因みに，これまでの世界遺産委員会は，パリ（フランス）をはじめ，ワシントン（アメリカ合衆国），ルクソール（エジプト），シドニー（オーストラリア），フィレンツェ（イタリア），ブエノスアイレス（アルゼンチン），ブラジリア（ブラジル），バンフ（カナダ），カルタゴ（チュニジア），サンタ・フェ（アメリカ合衆国)，カルタヘナ（コロンビア），プーケット（タイ），ベルリン（ドイツ），メリダ（メキシコ），ナポリ（イタリア），京都（日本），マラケシュ（モロッコ），ケアンズ（オーストラリア），ヘルシンキ（フィンランド）で開催されており，今後，ブダペスト（ハンガリー），開催都市未定（中国）で開催される予定です。

日本について言えば，1998年に第22回世界遺産委員会が京都市で開催されましたが，今後，奈良市，広島市，姫路市，那覇市なども招致活動に取り組まれたら良いと思います。

Q 世界遺産の登録条件が少しずつ改訂されてきています。この変化はどう思われますか。

古田 世界遺産の登録条件の変化は，世界遺産をより選りすぐったものにする為の世界遺産委員会，そして，ユネスコ世界遺産センターをはじめとする関係者の努力の表れだと思います。オペレーショナル・ガイドラインズの改訂など長年にわたるワークショップなどでの検討結果が反映されたものです。

例えば，世界遺産の登録基準（クライテリア）ですが，自然遺産には，4つの，文化遺産には，6つの登録基準がありますが，それぞれのクライテリオンもこれまでに，何度も改訂が行われており，最近では，有形の部分だけではなく，その背後にある無形の部分にまで視野を広げる結果となっています。いずれ，自然遺産と文化遺産という種別もなくなり，登録基準も一つに統合されるのではないでしょうか。

次に述べる文化的景観の概念もその一つで，人間と自然など環境との関わりが重要になって

くるのではないでしょうか。

　1992年12月にアメリカ合衆国のサンタ・フェで開催された第16回世界遺産委員会で，今後，拡大していくべき分野の一つとして世界的戦略（Global Strategy）に位置づけられ，文化遺産の中で，文化的景観（Cultural Landscapes）という概念に含まれる物件があります。文化的景観とは，人間と自然環境との共同作品とも言える景観で，文化遺産と自然遺産との中間的な存在で，現在は，文化遺産の分類に含められています。

世界遺産条約履行の為の作業指針（Operational Guidelines）に新たに加えられたもので，大別すると，
　　一つは，人間によって設計され創り出された公園や庭園などの景観
　　二つは，有機的に進化してきた景観
　　三つは，自然的要素が強い宗教的，芸術的，或は，文化的な事象に関連する景観
三つのカテゴリーに分類することができます。

　具体的に，文化的景観の概念が適用されている物件は，レバノンの「カディーシャ渓谷（聖なる谷）と神の杉の森（ホルシュ・アルゼ・ラップ）」，フィリピンの「コルディリェラ山脈の棚田」，オーストラリアの「ウルル-カタ・ジュタ国立公園」，ニュージーランドの「トンガリロ国立公園」，イタリアの「アマルフィターナ海岸」，「ペストゥムとヴェリアの考古学遺跡とパドゥーラの僧院があるチレントとディアーナ渓谷国立公園」，フランスの「サン・テミリオン管轄区」，「シュリー・シュル・ロワールとシャロンヌの間のロワール渓谷」，フランスとスペインの両国にまたがる「ピレネー地方―ペルデュー山」，ポルトガルの「シントラの文化的景観」，イギリスの「ブレナヴォンの産業景観」，スウェーデンの「エーランド島南部の農業景観」，ドイツの「デッサウ-ヴェルリッツの庭園王国」，オーストリアの「ザルツカンマーグート地方のハルシュタットとダッハシュタインの文化的景観」，「ワッハウの文化的景観」，チェコの「レドニッェとバルチツェの文化的景観」，ポーランドの「カルヴァリア ゼブジドフスカ：マンネリスト建築と公園景観それに巡礼公園」，ハンガリーの「ホルトバージ国立公園」，リトアニアとロシア連邦の両国にまたがる「クルシュ砂州」，ナイジェリアの「スクルの文化的景観」，キューバの「ヴィニャーレス渓谷」，「キューバ南東部の最初のコーヒー農園の考古学的景観」があげられます。

　この他にも，このカテゴリーが採択された1992年以前に登録された物件や1992年以降の登録物件でも締約国が考古学遺跡や自然遺産など他の価値基準で登録した物件の中にもこの文化的景観の範疇に入ると考えられる物件が数多くあります。

　ユネスコ世界遺産センターには，文化的景観についての担当セクションや専門家もいるので，登録書類作成段階で相談するなど十分なコミュニケーションを図っていくことが重要です。

　文化的景観の解釈は，難解ですが，新たな候補物件の選考対象として注目されている概念です。わが国の文化財の範疇では，庭園，橋梁，渓谷，海浜，山岳などの特別名勝や名勝に指定されているものが，この概念に近いと思いますが，きわめて，多様性に富んでおり，新たな分野の文化財指定の取り組みも注目されています。

Q　国内外問わず、将来的に世界遺産に登録される可能性が高い物件を挙げてください。
**　（暫定リスト以外で）**

古田　まず，日本の場合，将来的に世界遺産に登録されることへの思いから，各地で，世界遺産登録に向けての運動が展開されています。世界遺産登録は，あくまで，日本政府がユネスコに登録推薦するものですので，文化審議会などの審議を経て日本政府が認めることを前提にした運動です。

活動主体は，地方自治体をはじめ，商工会議所，商工会，青年会議所，それに，民間団体などのNGOで多様です。その可能性や熟度を抜きにしても，私が知っているだけでも40～50の物件の名前が挙がっています。
　世界遺産運動の有無を問わず，今後，日本からの世界遺産候補としては，下記の様なものを期待したいと思います。
　地域的には，まだ世界遺産がない北海道や四国の物件です。それと，東京が首都である限り，震災や戦争で失われた物も数多くありますが，少なくとも400年の歴史をもつ首都東京からのノミネートに期待したいと思います。
　遺産種別では，新たな自然遺産，それに，複合遺産の誕生を待望したいと思います。文化遺産については，文化審議会などの方針などから推測すると，信仰の山，農村，里山などの文化的景観，近代化遺産も含めた産業遺産，それに，文化の見地から高い価値を有している国宝建造物，特別史跡，特別名勝を中心とする一群の文化財です。
　なかでも，日本の遺産を代表するもの，同種の物件の国内外における比較において代表的なものがノミネートされるように思います。すなわち，「日本らしさ」が感じられる物，「日本固有」の日本にしかない物，「唯一無二」のユニークな物が重視されると考えています。
　また，これまで，宮内庁の皇室関連物件として敬遠されてきた，首都東京の「皇居とその周辺公園群」，古都京都の文化財に含めるべき「修学院離宮」や「桂離宮」，三重の「伊勢神宮」，堺の「大山古墳（仁徳天皇陵・大仙古墳）」なども対象に加えるべきだと思います。
　次に，私の思い入れのある物件を3つご紹介しましょう。
　まず，「富士山」（山梨県・静岡県）を挙げたいと思います。「富士山をユネスコ世界遺産に！」という思いは，私どものホームページ
http://www.dango.ne.jp/sri/mtfujiwounescosekaiisanni.htm でも公開しております。
　その根拠としては，2000年11月に開催された文化財保護審議会世界遺産条約特別委員会で，「今後，調査保護措置などの状況によって，将来的に候補物件を追加することを検討することが必要と考えられるとし，例えば，富士山は古来より霊峰富士として聞こえ，富士信仰が伝えられると共に，遠方より望む秀麗な姿が多くの芸術作品の主題となるなど，日本人の信仰や美意識などと深く関連しており，また，今日に至るまで人々に畏敬され，感銘を与え続けてきた日本を代表する名山であり，顕著な価値を有する文化的景観として評価することができると考えられる。富士山のこのような面については，今後，多角的，総合的な調査研究の一層の深化とともに，その価値を守るための国民の理解と協力が高まることを期待し，できるだけ早期に世界遺産に推薦できるよう強く希望する」との見解などにも見られます。
　2つは，先般，北海道庁により「北海道遺産」に指定された道東の「摩周湖」（川上郡弟子屈町）をあげたいと思います。摩周湖は，日本を代表する景勝地の一つで，その神秘的な自然景観は美しく，深い霧で覆われることが多いことから"霧の摩周湖"としても謳われ，国民的にも親しまれ鑑賞されてきました。
　摩周湖の地形は，火山活動によって内陸部に形成された淡水のカルデラ湖で，流出入する河川がないのに水位が変化しないユニークな自然現象をもっています。それに，摩周湖は，湖水の透明度が，既に世界遺産に登録されているバイカル湖（ロシア）と共に世界有数であることで，国際的にも有名です。
　それに，一般には余り知られていませんが，摩周湖は，地球環境，なかでも，大気の変化を知る為の環境バロメーターとして，国連環境計画（UNEP）陸水監視計画（GEMS）のモニタリング調査のステーションとして登録されており，学術的にもその保全価値は高く評価されています。
　また，摩周湖は，古くは先住民から神聖な湖として崇められ，湖心のカムイッシュ（神の島）

や東岸のカムイヌプリ（神の山）にもその言葉が残され現在へと伝承されています。
摩周湖周辺のエゾマツなどの森林の生態系も豊かであり，阿寒湖，屈斜路湖などと共に国立公園を構成しています。

2001年10月のテレビ朝日の番組「素敵な宇宙船地球号」で，「忍び寄る摩周湖の危機～住人たちの意識革命～」として，近年，環境悪化の為か湖水の透明度が落ちてきた摩周湖のことを憂慮した弟子屈町商工会青年部の方々の活動が紹介されました。危機にさらされつつある摩周湖を救いたいという熱い思いは，摩周湖世界遺産登録実行委員会として動き始めました。日本の摩周湖というよりは，地球環境を学習する生きた教材ともいえる世界の摩周湖を多様な世界遺産の一つに加えてもらいたいものです。

3つ目は，少し先の話になるかもしれませんが，「新幹線」（The Shinkansen）を挙げたいと思います。新幹線の誕生劇については，NHKの番組「プロジェクトＸ」でも特集されましたが，日本の主要都市を結ぶ標準軌間のJR超高速鉄道です。東海道新幹線は，1964年10月に，東京オリンピックの開催に合わせて，最高時速200kmを常時維持し，東京駅と新大阪駅を約3時間で結ぶ世界最高速の鉄道として華々しく開業しました。

新幹線の開発，そして，誕生までの関係者の努力は，並大抵のものではなかったでしょうし，その高速性，安全性，定時性，そして，大量輸送能力は，「顕著な普遍的価値」（Outstanding Universal Value）を有するもので，わが国が世界に誇れる産業・技術遺産の代表格ともいえます。

鉄道遺産（Industrial Heritage of Railways）については，「センメリング鉄道」（オーストリア），「ダージリン・ヒマラヤ鉄道」（インド）が，既に，ユネスコの世界遺産リストに登録されていますが，わが国の新幹線についても，将来，世界遺産にノミネートされるものと思います。

海外の物件については，2001年12月にフィンランドのヘルシンキで開催された第25回世界遺産委員会で，「ユングフラウ・アレッチ・ビエッチホルン」（スイス），「ウィーンの歴史地区」（オーストリア），「ダウエント渓谷の工場」（イギリス），「ティヴォリのヴィラ・デステ」（イタリア），「アランフエスの文化的景観」（スペイン），「ギマランイスの歴史地区」（ポルトガル），「マサダ国立公園」（イスラエル），「チャムパサックの文化的景観の中にあるワット・プーおよび関連古代集落群」（ラオス），「雲崗石窟」（中国），「サマルカンド-文明の十字路」（ウズベキスタン），「中央シホテ・アリン」（ロシア連邦），「アンボヒマンガの王丘」（マダガスカル），「ツォディロ」（ボツワナ），「ゴイヤスの歴史地区」（ブラジル）など31物件が新たに登録されました。

ドイツ，オーストリア，フランス，イタリア，スロヴェニア，スイスの6か国にまたがるアルプス山脈については，まずは，スイス側からということになりましたが，世界遺産登録が実現すれば，世界遺産化運動の開始から実に20年の歳月がかかったことになります。

また，北朝鮮の首都平壌周辺に分布する「高句麗壁画古墳群」も数年内には，世界遺産に登録されるものと見ております。

ユネスコの「暫定リスト」には，既に世界遺産に登録された物件を除いても，有名無名を問わず，多様な500以上の物件がノミネートされていますが，ここでは，特定したり，優劣のコメントは差し控えさせて下さい。

話は変わりますが，私どもでは，日本の魅力を再発見する「プロジェクト日本遺産」を発足させています。その一環として，「誇れる郷土ガイド」を地域別，そして，テーマ別にシリーズで発刊していますが，取材を通じて，有名，無名を問わず，実にすばらしい物が，数多くあることに気付きました。

身近な自然環境や文化財をユネスコ世界遺産にという思いや願いは，国内外共に関心が日増しに高くなっています。

世界遺産化することによって，地域振興や観光振興に利活用する意図的なものが多いのは否

めませんが，私は，それはそれで良いと考えています。

　世界遺産の登録基準などユネスコのガイドラインに照らし合わせてみる作業を行ってみることは，決して無駄にはならないことで，これまでの地域づくりやまちづくりの手法では見出せなかった新たな発見があるかもしれません。

　このことは，たとえそれが世界遺産にならなくても，そのプロセスがきわめて重要で，「顕著な普遍的価値」を有する世界遺産の考え方は，どこにでも通用する価値基準であり，国づくりや地域づくりの考え方にも符号するものなのです。

　その考え方が，点から線へ，線から面へと広がりをみせ，自然環境や文化財の保護管理体制にも広域的な対応が計られれば，望ましい展開にも繋がります。

　それが，ひいては，内外に誇れる国土づくりにも繋がり，文化の薫り高い国民性と地域風土を形成し，文化大国として，国際的にも尊重されていくと思うのです。

Q　アフガニスタンの復興に寄せる思いを聞かせて下さい。

古田　2001年9月11日のアメリカでの同時多発テロ以来，様々なことを考えさせられました。多くの犠牲者の方々のご冥福をお祈りすると共にアフガニスタンの難民の方々の自立に向けた一刻も早い支援が必要だと思います。アフガニスタンの文化遺産についてもバーミヤン遺跡やカブール美術館所蔵の文化財などもかなりの部分が破壊されている様ですが，日本としても文化財の修復，復元などに関わる面においても積極的に協力していくべきだと思います。

　アフガニスタンも1979年に世界遺産条約を批准しているわけですから，遅きに失した面もありますが，法的，そして，人的にも保護管理体制も整備し，適格なものが残っていれば，登録申請を行うべきだと思います。

　むしろ，「人類の口承及び無形遺産の傑作」の範疇に入るものですが，アフガニスタンの多民族文化，すなわち，民族ゆかりの舞踊，音楽，文学，儀礼，慣習，手工芸，建築及びその他の技芸などの無形遺産を復興の起爆材やエネルギーにして欲しいと思います。

　一方，これはアメリカの話になりますが，多くの犠牲者を出した世界貿易センタービルは，人類が二度と繰り返してはいけないテロ戦争による負の遺産であり，平和記念碑として，ビルの跡地をワールド・モニュメントとして保存してもらいたいと思います。

　ツイン・ビルの世界貿易センタービルは，1966年に着工，1977年に完成して以来約24年の運命でしたが，広島の平和記念碑（原爆ドーム）にも匹敵する人類にとって忘れることの出来ない顕著な精神的価値を有するものになるだろうと思います。

本稿は，雑誌等の取材での古田陽久の回答を再構成したものです。

☞　「世界遺産Q&A－世界遺産の基礎知識－2001改訂版」（シンクタンクせとうち総合研究機構　発行）

富士山の世界遺産化を考える

文化的景観を誇る富士山（山梨県・静岡県）

キーワードは文化的景観

　富士山は，春，夏，秋，冬の四季を通じて美しい景観と変化に富んだ豊かな自然を有するわが国最高峰（最高点は剣ヶ峰の3776m）の円錐状の成層火山（strato volcano）（注1）で，山岳，湖沼，森林，海岸，島などからなる富士箱根伊豆国立公園（昭和11年2月1日指定　面積121,850ha）のシンボルです。

　富士山は，白山や立山などと共に古くからわが国を代表する名山として，広く国民に親しまれ，わが国の誇りの一つでもあり，日本列島のランドマークでもあります。

　また，富士山には，寛永年間に始められたといわれる富士山そのものを信仰の対象とする富士講と深く関わる白衣，金剛杖，腰に鈴の道者姿が白一筋に埋める登拝の道も残され，浅間大神が鎮座する神の山，或は，霊峰富士として数多くの庶民に崇拝されてきました。冨士講は，関八州を中心として，信濃，越後，奥羽，時には，長門の方面まで分布していたといわれています。

　それに，江戸後期に活躍した浮世絵師，葛飾北斎の「富嶽三十六景」，小説家，太宰治の「富嶽百景」などの作品のモチーフにもなり，遠方より望む秀麗な山岳景観に込められた歴史的価値，文化的価値，それに，芸術価値もきわめて高いと言え，富士山は，わが国の文化財保護法でも，昭和27年（1952年）に国の特別名勝に指定されています。

　それ故に，富士山は，わが国を代表する観光資源の一つとして鑑賞価値も高く，(財）日本交通公社が全国の約8000の自然資源や人文資源などの観光資源を客観的データと専門家の判断により総合評価したランクでも，摩周湖（北海道），十和田湖，白神山地のブナ原生林（青森県・秋田県），尾瀬ヶ原（福島県・群馬県・新潟県），東照宮（栃木県），黒部峡谷（富山県），穂高連峰（長野県），皇大神宮，式年遷宮（三重県），延暦寺（滋賀県），修学院離宮庭園，桂離宮庭園（京都府），姫路城（兵庫県），法隆寺，東大寺（奈良県），高野山（和歌山県），出雲大社（島根県），厳島神社，広島平和記念資料館（広島県），秋芳洞・秋吉台（山口県），阿蘇山と外輪山（熊本県），屋久島，屋久杉の原始林（鹿児島県），西表島（沖縄県）などと共に，特Ａ級（わが国を代表する資源で，かつ世界にも誇示しうるもの。わが国のイメージ構成の基調となりうるもの。特Ａ級として評価されているものは37ある）として評価されています。

　富士山は，私たちに，近くは，富士五湖や箱根から，遠くは，新幹線の車窓から，或は，飛行機の機中から，或は，新宿副都心などの東京のビルの谷間からその雄姿と景観を楽しませてくれ，明日への勇気と希望など感銘を与えてくれました。

　私たちは，その恩返しとして，わが国の誇れる富士山をユネスコ世界遺産（出来ることなら日本では最初の複合遺産（注2））にすることを内外にアピールしていくことを当シンクタンクの21世紀プロジェクトの第一弾と位置づけ，富士山のユネスコ世界遺産化を，あらゆる機会をとらえ，アピールしてまいりたいと考えております。

　世界遺産は人類共通の財産（our common heritage）という考え方がありますが，身近なものやかつて訪れたことがあるものについては親近感がわくものの，そうでないものについてはピン

とこないというのが実感かもしれません。このことは日本にある世界遺産についても同様ですが，富士山は世界遺産ではなくても，また，富士山の近隣に住んでいなくても，富士山はわたしたち日本人共通の財産であると認識している人は数多いと思います。

富士山がユネスコの世界遺産になる為には，単に，有名であるということではなく，その顕著な普遍的価値（outstanding universal value），すなわち，その真正性，或は，完全性，ユネスコ世界遺産の登録基準への適合性，そして，他の類似物件との比較においての優位性などが正統であることを証明しなければなりません。

そして，世界遺産としての価値を将来にわたって継承していく為の保護・管理措置が講じられていることが必要です。これらのユネスコ世界遺産への登録要件を満たすことが出来るならば，日本政府は，文化審議会（旧文化財保護審議会）の審議等を経て，日本政府の推薦物件として，所定の書類をユネスコ世界遺産センターに提出する運びとなります。

2000年11月に開催された文化財保護審議会世界遺産条約特別委員会（座長　坪井清足元興寺文化財研究所所長をはじめ，金関恕ユネスコ・アジア文化センター文化遺産保護協力事務所長，平山郁夫前東京芸術大学学長など有識者10人の委員で構成）で，今後，わが国が，5〜10年以内に世界遺産に登録予定の推薦候補物件を記載した「暫定リスト」＜世界遺産に未だ登録されていないのは，「古都鎌倉の寺院・神社」，「彦根城」の2物件＞への追加対象として，「平泉の文化遺産」，「紀伊山地の霊場と参詣道」，「石見銀山遺跡」の3物件が選定されました。

また，同委員会は，「今後の調査研究や保護措置などの状況によって，将来的に候補物件を追加することを検討することが必要と考えられるとし，例えば，富士山は古来より霊峰富士として聞こえ，富士信仰が伝えられると共に，遠方より望む秀麗な姿が多くの芸術作品の主題となるなど，日本人の信仰や美意識などと深く関連しており，また，今日に至るまで人々に畏敬され，感銘を与え続けてきた日本を代表する名山であり，顕著な価値を有する文化的景観として評価することができると考えられる。富士山のこのような面については，今後，多角的，総合的な調査研究の一層の深化とともに，その価値を守るための国民の理解と協力が高まることを期待し，できるだけ早期に世界遺産に推薦できるよう強く希望する」との見解を示しています。

富士山をユネスコ世界遺産に登録する為の手順としては，まず，この「暫定リスト」にノミネートされることが必要です。すなわち，日本政府が，富士山はユネスコ世界遺産に登録することがふさわしいということを認知し政府推薦することが前提になります。

それでは，「ユネスコ世界遺産とは何なのか？」について，私共の世界遺産観を述べてみたいと思います。また，富士山をユネスコ世界遺産にしていくための視点，なかでも，その顕著な普遍的価値についての証明が必要です。

この点については，私どもは，富士山が有する独特の景観（ランドスケープ）と，その精神的価値に着目したいと思います。

富士山の世界遺産化運動については，1992年にわが国がユネスコの世界遺産条約を批准した頃に，地元の熱心な市民や自然保護団体の方々を中心に「富士山を世界遺産とする連絡協議会」（最終的に，静岡県側14団体，山梨県側8団体　合計22団体）を組成，全国的な246万人の署名を

富士山の世界遺産化を考える

得て，1994年には「富士山の世界遺産リストへの登録に関する請願」として国会請願の段階にまで達しましたが，1995年に開催された「富士山国際フォーラム」で，ユネスコ世界遺産センターの関係者から「富士山の世界遺産化については環境保全の対策に問題がある」との指摘もあり，結果的に，富士山を世界遺産にする旨の政府推薦はなされなかった経緯があります。

富士山を取り巻く環境は，地域開発が進むと同時にゴミや尿などによる環境汚染，植生維持の困難，悪質なオフロード車やオフロードバイクの車道外への乗り入れなどの問題が深刻化しています。現場を一度見れば，果たして世界遺産として恒久的に保護管理していける体制にあるのかといった疑問が残るのも事実です。こうした事実認識から，環境省など国の機関，そして，静岡県，山梨県の関係自治体も富士山を取り巻く環境の保全化に向けて，前向きに取組んでいます。

なかでも，1998年に山梨県と静岡県が共同で制定した「富士山憲章」は，私たちが守るべき行動規範で，大変わかりやすく，他の世界遺産地などでも通用するモラルや心構えが定められています。しかしながら，いくら立派な法律や条例，それに，モラル・コードがあっても，一部の心無い人達の為に，環境が大きく損なわれてはなりません。

21世紀の日本にとって，また，日本人にとって，富士山が抱える課題や困難を克服していくことのプロセスは，わが国の誇れる国土づくり，そして，日本人の意識や心の改革にもつながることだと思います。21世紀は「環境の世紀」ともいわれますが，富士山は，私達に，これらの問題を解決していく為の課題を投げかけているのかもしれません。

日本，そして，日本人の精神性を知る富士山は，過去から現在，そして，未来へと私ども人類，そして，人間の活動を見守り続ける地球と人類の歴史の生き証人でもあります。活きた火山でもある富士山は，ここのところ，マグマの活動と関係があるとされる「低周波地震」が多発しており1707年（宝永4年）以来の300年振りの噴火の危険さえもささやかれており，見方によっては，富士山が私たち人間の所業に対して怒りを内発している様にも見えます。

ユネスコ世界遺産は，現在，世界の各地に721物件あります。このうち，わが国には，11物件（自然遺産が2物件，文化遺産が9物件）あります。世界遺産は人類共通の財産であり，私たち人類が守り未来に継承していかなければなりません。しかしながら，それぞれの世界遺産と人との関わりは，それぞれの人によって，感じ方や温度差があるのも事実です。

富士山と人との関わり，これも多様ですが，日本人の一人として外国人と接する場合においても，日本人の美意識として誇れるものの身近な存在の一つであり，内外を問わず，富士山，Mt.Fuji，Fujisan，Fujiyamaの愛好者が多いのにも，大変，驚かされます。NHK衛星放送（BS2）が2000〜2001年に実施した「21世紀に残したい日本の風景」の全国ランキングでも，堂々と1位にランクされました。

富士山が抱える課題や困難を克服し，名実共に内外に誇れる地球遺産にしていく道，これこそが，われわれ日本人が真の地球市民になれる道筋であるかもしれません。

富士山のユネスコ世界遺産化への道，それは，第一に，世界遺産の登録範囲を具体的にどの様にするのか，核心地域（コア・エリア）と緩衝地帯（バッファー・ゾーン）を明確にし合意

形成を図っていくことです。関係市町村も，山梨県側は，富士吉田市，西桂町，忍野村，山中湖村，河口湖町，勝山村，足和田村，鳴沢村，上九一色村，下部町，静岡県側は，富士宮市，富士市，御殿場市，裾野市，小山町の5市4町6村と広範にわたります。

南麓の富士山本宮浅間神社，北麓の北口本宮富士浅間神社，それに，登拝道，また，地学的にも大変興味深い富士五湖（河口湖，山中湖，本栖湖，精進湖。西湖），それに，田貫湖をはじめ，溶岩流が残した三ッ池穴，富岳風穴，鳴沢氷穴など100余りの青木ヶ原溶岩洞窟，富士山原始林（青木ヶ原），小田貫湿原，白糸の滝などの山麓地域と民有林や自衛隊の北富士演習場（山梨県富士吉田市，南都留郡山中湖村）や東富士演習場（静岡県御殿場市，裾野市，小山町）がある裾野の範囲が課題になると思います。

第二は，遠くから見ても近くから見ても，わが国の誇れる特別名勝であり，また，世界遺産にふさわしい自然の美しさを誰もが感じられる自然環境と富士山に生息する動植物など生態系の回復です。例えば，30km^{2}にも及ぶ針葉樹と広葉樹が混合した自然林，青木ヶ原の樹海，亜熱帯針葉樹林帯のコメツガ，シラビソ林，森林限界の矮生のカラマツ，御中道付近の高山植物帯等の特徴のある植生です。

第三は，本来，富士山が有していた聖山への回帰です。富士山には，毎年約25万人の登山者，約3,000万人の観光入込客があります。観光関連業者との様々な軋轢が生じるかもしれませんが，カナダのカナディアン・ロッキー山脈の国立公園の様に利用目的別のパスポート制の導入を図るなど，まずは，静岡県側の富士宮口，御殿場口，須走口，山梨県側の吉田口，河口湖口などの登山口での入山規制を設けることだと思います。これは，有料制であっても良いと思います。

また，ゴミの不法投棄については，厳しい罰則規定を設けるなど聖域保全の為の環境条例の制定が急がれます。それに，民間NGOを活用するなどレンジャー（公園巡回管理人）の数を増やし環境保護等の監視を強化することだと思います。

人為的に富士山本来の美しさが損なわれているとしたら，環境保全対策などその阻害要因の問題解決を図っていかなければなりません。本来，顕著な普遍的価値を有する「人間と自然との共同作品」である文化的景観の概念が当てはまるのが本来の富士山の姿であったはずですから……。

文化的景観とは，人間と自然の共同作品で，人間と自然環境との相互作用の様々な表現を意味し，自然的環境との共生のもとに継続する内外の社会的，経済的及び文化的な力の影響を受けつつ時代を超えて発展した人間社会と定住の例証であり，
1) 人間によって設計され意志的に創り出された庭園，公園などの景観
2) 農林水産業などの産業と関連した景観など有機的に進化してきた棚田などの景観
3) 信仰や宗教，文学，芸術活動などと関連する聖山などの景観
の3つのカテゴリーに分類することができます。

文化的景観の概念は，1992年に世界遺産条約履行の為の作業指針（Operational Guidelines）に新たに加えられたもので，わが国の文化財の範疇では，庭園，橋梁，渓谷，海浜，山岳などの名勝がこれに近い範疇といえます。
富士山の場合，第3カテゴリーの信仰や宗教，文学，芸術活動などと関連する景観に該当する

と思いますが,,昔日の景観ではなく,具体的に現在の風物景観を写真や絵におさめてみる必要があるように思います。

かつては,富士山に登ると,山麓から山頂にかけての植物相の変化やここに生息する鳥類などの変化も観察ことが出来たはずですから。中途半端な山頂と五合目のバイオ・トイレにしろ,自動販売機にしても富士山のランドスケープとはマッチしません。人工の造形物を造るのであれば,環境省による富士山ビジター・センターの様な施設を山頂の近くにも設けて欲しいと思います。

畏敬すべき山ではあっても恥ずべき山であってはなりません。

富士山をユネスコ世界遺産にする為には,一重に,富士山を取り巻く環境を大切にする私たち日本人一人一人のモラルとマナーにかかっている様に思います。資質の高い山ですから,きっと実現できるに違いありません。

毎日新聞がテレビで,「富士山が世界遺産になれなかったのは………」というキャンペーンを行っていましたが,果たしてどうでしょうか。富士山の名誉回復の為にも,わが国が内外に誇れる数少ない財産の一つである富士山をユネスコの世界遺産にしようではありませんか。富士山の世界遺産化は,地元の山梨県と静岡県だけが考える課題ではなく,全国民的な議論に高めていくべき課題である様に思います。

2001年12月にフィンランドのヘルシンキで開催さた第25回世界遺産委員会では,ドラマティックな山岳景観を誇る世界的にも有名なドイツ,オーストリア,フランス,イタリア,スロヴェニア,スイスの6か国にまたがるアルプス山脈のうちスイスの「ユングフラウ・アレッチ・ビエッチホルン」が自然遺産として世界遺産に登録されました。

まずは,スイス側からということになりましたが,世界遺産登録運動の開始から実に20年の歳月がかかったと言われています。

富士山の環境保全の為に山梨県と静岡県の一体行政が望ましいのであれば,両県の合併も視野に入れるべきだと思います。既成概念から脱却し,多角的,そして,総合的に富士山を取り巻く環境を総点検し,あるべき姿へと回復,そして,再生させていかなければなりません。富士山の存在とはそんなに大きなものなのです。

鑑賞上,景観上,学術上,或は,歴史上,芸術上,そして,保全上などあらゆる視点から富士山を見つめ直し,或は,多角的,或は,多面的な富士山学を通じて,その顕著な普遍的価値や重要性を英知を結集し証明していくことが求められています。

<文責　古田陽久＞

(注1) 成層火山（コニーデ）とは、溶岩、火山灰、火山礫が互層をなして形成された火山。代表的なものとしては、デマベント山（イラン・5601m）、キリマンジャロ山（タンザニア・5895m）、ケニア山（ケニア・5199m）、クリュチェフスカヤ山（ロシア連邦・4850m）、レイニア山（アメリカ合衆国・4392m）、ポポカテペトル山（メキシコ・5452m）、サンガイ山（エクアドル・5230m）、ミスティ山（ペルー・5822m）、マイポ山（チリ・5323m）などがあげられる。わが国では、富士山をはじめ、利尻山、羊蹄山、岩木山、岩手山、鳥海山、磐梯山、男体山、榛名山、妙高山、朝日岳、大山、桜島、開聞岳など。

(注2) 自然遺産と文化遺産の両方の登録基準を満たす複合遺産は、世界遺産条約の本旨である自然と文化との結びつきを代表するもので、現在、下記の23物件がユネスコの世界遺産に登録されている。
ギョレメ国立公園とカッパドキアの岩窟群、ヒエラポリスとパムッカレ（トルコ）、泰山、黄山、楽山大仏風景名勝区を含む峨眉山風景名勝区、武夷山（中国）、カカドゥ国立公園、ウルルーカタ・ジュタ国立公園、ウィランドラ湖群地域、タスマニア原生地域（オーストラリア）、トンガリロ国立公園（ニュージーランド）、アトス山、メテオラ（ギリシャ）、ピレネー地方－ペルデュー山（フランス・スペイン）、イビサの生物多様性と文化（スペイン）、文化的・歴史的・自然環境をとどめるオフリッド地域（マケドニア）、ラップ人地域（スウェーデン）、タッシリ・ナジェール（アルジェリア）、バンディアガラの絶壁（ドゴン人の集落）（マリ）、オカシュランバ・ドラケンスバーグ公園（南アフリカ）、ティカル国立公園（グアテマラ）、マチュ・ピチュの歴史保護区、リオ・アビセオ国立公園（ペルー）

ユーラシアで最も高い活火山であるクリュチェフスカヤ山（4850m）
カムチャッカの火山群（Volcanoes of Kamchatka）
自然遺産（登録基準（ⅰ）（ⅱ）（ⅲ）（ⅳ））
1996年／2001年　ロシア連邦

世界遺産化への取組み

湖水透明度が世界有数である摩周湖は，大気変化のバロメーターとして，国連環境計画（UNEP）陸水監視計画（GEMS）のモニタリング・ステーションになっている。

「北の世界遺産・摩周湖への道　～北海道から世界へ～」
キーワードは，自然（Nature），景観（Landscape），環境（Environment），保護・保全（Preservation），継承（Inheritance），フロンティア・スピリッツ（Frontier Spirits）

　摩周湖（Lake Mashu）は，北海道の東部，川上郡弟子屈町にあります。摩周湖は，日本を代表する景勝地の一つで，その神秘的な自然景観は美しく感動的で，深い霧で覆われることが多いことから「霧の摩周湖」（作詞　水島哲　作曲　平尾昌晃　歌　布施明）としても謳われ，国民的にも親しまれ鑑賞されてきました。

　摩周湖の地形は，火山活動によって内陸部に形成された淡水のカルデラ湖で，流出入する河川がないのに水位が変化しないユニークな自然現象をもっています。それに，摩周湖は，湖水の透明度が，既に世界遺産に登録されているバイカル湖（ロシア連邦　自然遺産　1996年）と共に世界有数であることで，国際的にも有名です。

　それに，一般には余り知られていませんが，摩周湖は，地球環境，なかでも，大気の変化を知る為の環境のバロメーターとして，国連環境計画（UNEP）による陸水監視計画（GEMS）のモニタリング調査のステーションとして登録されており，学術的にもその保全価値は高く評価されています。

　また，摩周湖は，古くは先住民族のアイヌ民族から神聖な湖として崇められ，湖心のカムイッシュ（神の島）や東岸のカムイヌプリ（神の山）などにもアイヌ語地名が残され，現在へと伝承されています。摩周湖は，見方を変えれば，自然神としての聖湖でもあり，明治18年（1885年）に初めてこの地に入植し厳しい自然とも闘いながらこの地域を開拓し定住した先人以来，長年共生し，内外に誇れる摩周文化を育んできました。

　一方，摩周湖周辺は，エゾマツなどの森林の生態系も豊かであり，今なお太古の姿を残す原生林に抱かれ，釧路川，硫黄山，屈斜路湖，そして，阿寒湖などと共に国立公園を構成しており，特別保護地区，第1種特別地域，第2種特別地域，第3種特別地域，乗入れ規制地域など保護管理措置も担保されています。

　日本の摩周湖というよりは，地球環境を学習する生きた教材ともいえる世界の摩周湖を多様な世界遺産の一つに加えてもらいたいものです。

　摩周湖の「顕著な普遍的価値」については，北海道庁が選定した「北海道遺産」の一つとして選ばれたことでも証明されています。2001年10月22日，北海道が誇る北海道遺産の第1回選定分として25件が発表されました。川，湖，湿原，原生花園，湧水，縄文文化遺跡群，歴史的建物群，炭鉱関連遺跡群，防風林，防波堤，路面電車，アイヌ語地名，アイヌ文様，渡御祭，雪合戦大会，ラーメンなど北海道らしい多様なものが選ばれました。

摩周湖が選定された視点として，下記の2点があげられています。

●世界有数の透明度で知られ，大気汚染の指標に用いられるとともに，周辺の自然もよく保全され，その際だった景観は，北海道の湖沼と山岳の複合景観として最も代表的なものです。地元商工会が中心となって，世界遺産への登録を目指す取組みも活発化しています。

●地元住民の環境意識向上を基本に据え，自然環境と調和しながら観光産業を活性化させようとする取組みが注目されます。そうして確保された清冽な水も，一つの資産として活用される可能性を持つものと思われます。

初回に応募された約4,000件の候補の中から第1次，第2次の選考を経て，最終的に選ばれた訳で，単純倍率でも160倍という超難関であったことがわかります。

北海道庁に望みたいことは，このプロジェクトを契機に，これらの「北の遺産」の中からユネスコの世界遺産リストへの登録，すなわち，「世界の遺産」にする為の体制整備を早期に図って頂きたいものです。

日本には，現在，世界最大級の原生的なブナ林が展開する白神山地や縄文杉など太古の大自然の宝庫である屋久島など11件の世界遺産（自然遺産2件，文化遺産9件）がありますが，地域的に見て，世界遺産がないのは，北海道と四国だけです。北海道に期待したいのは，北海道らしい湖沼と山岳の複合景観，先住民族であるアイヌの歴史文化遺産，苦難の開拓時代を想起させる文化的景観，日本農業の近代化のモデルとなった農場，炭鉱などの産業遺産などです。

なかでも，国土面積が小さいわが国にとって，北海道からの自然遺産の登録が期待されています。世界遺産委員会での自然遺産への登録審査は，年々，厳しくなっており，面積規模ではなく，その質が問われています。今回，北海道遺産に選ばれた自然系のもので，国際的に通用するのは摩周湖ではないかと思います。

一方，2001年10月にテレビ朝日の全国番組の「素敵な宇宙船地球号」で，「忍び寄る摩周湖の危機～住人たちの意識革命～」として，近年，環境悪化の為か湖水の透明度が落ちてきた摩周湖のことを憂慮した弟子屈町商工会青年部の方々の活動が紹介されました。弟子屈町は，北海道の東部，釧路川の上流域にある人口約1万人の町。昭和の名横綱大鵬（第48代横綱　二所ノ関部屋　横綱昇進　昭和36年9月（21歳），引退　昭和46年5月（30歳））の出身地としても知られています。

危機にさらされつつある摩周湖を救いたいという熱い思いは，摩周湖世界遺産登録実行委員会として動き始めました。摩周湖をユネスコの世界遺産リストに登録することを通じて，かけがえのない素晴らしい摩周湖の自然環境を守り，責任をもって未来に継承していくという約束をすることでもあります。

2001年11月18日（日），弟子屈町で摩周湖世界遺産登録実行委員会の主催で，「摩周湖シンポジウム」が開催されました。
冒頭に，北海道遺産構想推進協議会の越野武遺産選定専門委員長（札幌大学文化学部教授）から弟子屈町の徳永哲雄町長に「北海道遺産」の認定証が授与されました。

また、摩周湖の保護を目的とする愛好者組織「摩周ファンクラブ」が設立されたほか、「北海道遺産認定を契機に次世代に引き継いでいく精神を育むためにも、摩周湖がユネスコの世界遺産に登録されるよう活動する」などの「摩周湖宣言2001」が採択されました。

弟子屈町商工会青年部の方々の摩周湖の世界遺産登録に向けての活動は、21世紀のニューフロンティアとして、地元北海道はもとより、日本全国、そして、世界へと伝わり、その努力は、いつしかきっと開花し実を結ぶことでしょう。摩周湖世界遺産登録実行委員会が日本における世界遺産登録運動のモデル・ケースとなる様、その活動自体も記録に残していっていただきたいと思います。

摩周湖世界遺産登録実行委員会の皆さんにエールをおくりたいと思います。

<文責　古田陽久>

(注) 1．北海道遺産
石狩川（石狩、空知）、摩周湖（弟子屈町）、霧多布湿原（浜中町）、ワッカ原生花園（常呂町）、京極のふきだし湧水（京極町）、螺湾（らわん）ブキ（足寄町）、根釧台地の格子状防風林（厚岸町、中標津町、別海町など）、内浦湾沿岸の縄文文化遺跡群（南茅部町、伊達市など）（南茅部町、長万部町、豊浦町、虻田町、伊達市など）、上ノ国の中世の館（たて）（上ノ国町）、福山城（松前城）と寺町（松前町）、姥神大神宮渡御祭（江差町）、ピアソン記念館（北見市）、増毛の歴史的建造物（駅前の歴史的建造物群と増毛小学校）（増毛町）、留萌のニシン街道（佐賀番屋、旧花田家番屋、岡田家）（留萌市、小平町、苫前町）、北海道大学　札幌農学校第2農場（札幌市）、空知地域に残る炭鉱関連施設群（空知）、旧国鉄士幌線コンクリートアーチ橋梁群（上士幌町）、路面電車（函館市、札幌市）、函館山と砲台跡（函館市）、小樽みなとと防波堤（小樽市）、稚内港北防波堤ドーム（稚内市）、昭和新山国際雪合戦大会（壮瞥町）、アイヌ語地名、アイヌ文様、北海道のラーメン

(注) 2．北海道遺産構想
北海道の自然、文化、産業、生活など、次の世代に遺すべきものをみんなで掘り起こそう、そして、その取り組みを通して、もっと地域のことを知り、個性的な地域づくりや新たな魅力を持った北海道づくりを進めようとの趣旨で、「北海道遺産」の掘り起こしが行われています。この構想は、1997年に堀知事が提唱した「北の世界遺産構想」を具体化したもので、有形無形を問わず、次世代に伝えたいもので、地域を語るもの、身近すぎて見過ごしてきたもの、反省を含めて遺したいものなどを、道民から幅広く募り、推薦された候補の中から「北海道遺産」を選定するもので、一人ひとりがそれぞれの視点で北海道を見つめ直す画期的な試みで、全国的にも注目されています。道民、行政、企業などが協力して北海道遺産の魅力を高めるために保全や活用方法を考え、更に各地の多彩な「北海道遺産」情報をネットワーク化して、北海道全体をひとつのミュージアムにしようという壮大な構想です。

<参考資料>
- World Lakes Database by International Lake Environment Committee（ILEC）
- The United Nations Environment Programme （UNEP）
- International Union for the Conservation of Nature and Natural Resources （IUCN）
- UNEP World Conservation Monitoring Centre

摩周湖湖水透明度の経年変化

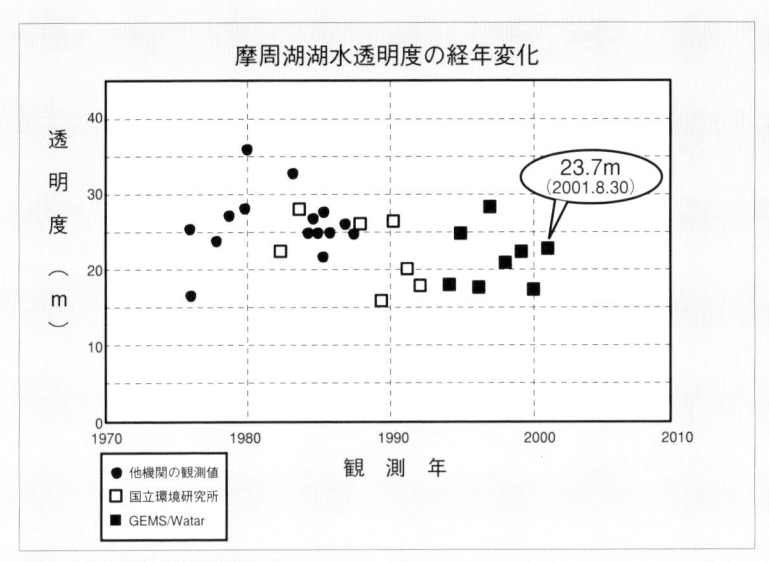

（出所）国立環境研究所資料による

摩周湖世界遺産登録実行委員会主催による「摩周湖シンポジウム」
（2001年11月18日）　右端が古田

世界遺産学のすすめ

ドーセットおよび東デボン海岸
(**Dorset and East Devon Coast**)
自然遺産（登録基準(ⅰ)）　2001年　イギリス
地質時代のデボン紀の名前はアンモナイトや三葉虫の化石が発掘された
この時代の地層がよく見られる東デボン海岸に由来している。

2001年12月11日から12月16日まで，フィンランドのヘルシンキで，ユネスコの第25回世界遺産委員会が開催され，世界遺産条約締約国から推薦され，その後，ICOMOS（国際記念物遺跡会議）やIUCN（国際自然保護連合）などの関係機関，また，世界遺産委員会（21か国）の代表7か国で構成されるビューロー会議でスクリーニングされた顕著な普遍的価値をもつ31の多様な物件が，新たに登録されました。スイスのアルプスの「ユングフラウ・アレッチ・ビエッチホルン」やオーストリアの「ウィーンの歴史地区」などが新たに加わり，ユネスコ世界遺産の数は，721物件（自然遺産 144物件，文化遺産 554物件，複合遺産 23物件）になりました。

私たちがユネスコ世界遺産のことを知ろうとする時，どんなことを学ぶでしょうか。世界遺産のある国や物件の位置，自然環境や生態系，物件の概要，歴史的背景，人間と遺産とのかかわりなど，実に様々な分野から多くのことを学ぶことができます。世界遺産を通じて学ぶ，学際的で博物学的なものである学問を「世界遺産学」といいます。

「世界遺産学」は，自然学，地理学，地形学，地質学，生物学，生態学，人類学，考古学，歴史学，民族学，民俗学，宗教学，言語学，都市学，建築学，芸術学，国際学など地球と人類の進化の過程を学ぶ総合学問であり，いわば，「学びの森」でもあります。

世界遺産を有する国も120か国を越えています。各々の国は，気候，地勢，言語，民族，宗教，歴史，風土など成り立ちは異なりますが，それぞれに，すばらしい芸術，音楽，文学，舞踊などの伝統文化が根づいています。

また，人類の遺産は，その時代時代を生きた人間の所産や縁の伝言でもあります。これまでに，ペルシアのダレイオス一世が造り上げた「ペルセポリス」（イラン），ユダヤ教，キリスト教，イスラム教の聖地でイエス・キリストゆかりの地「エルサレムの旧市街と城壁」（ヨルダン推薦物件），ソロモン王やアレキサンダー大王が珍重したレバノン杉の産地「カディーシャ渓谷と神の杉の森」（レバノン），ムガール帝国の第五代皇帝シャー・ジャハーンが最愛の妃の死を悼んで建てた「タージ・マハル」（インド），仏教の開祖釈迦の生誕地「ルンビニー」（ネパール），中国を統一した最初の皇帝「秦の始皇帝陵」，中国の偉大な思想家孔子ゆかりの「曲阜の孔子邸・孔子廟・孔子林」（中国），聖徳太子ゆかりの「法隆寺地域の仏教建造物群」，徳川家康や家光ゆかりの「日光の社寺」（日本），ガリレオ・ガリレイが重力実験を行った斜塔がある「ピサのドゥオーモ広場」（イタリア），聖ヤコブゆかりの「サンティアゴ・デ・コンポステーラ（旧市街），建築家アントニオ・ガウディの作品群「バルセロナのグエル公園，グエル邸とカサ・ミラ」（スペイン），イギリスの詩人バイロンの詩でも紹介される「シントラの文化的景観」（ポルトガル），水力紡績機を発明したリチャード・アークライトの「ダウエント渓谷の工場」（イギリス），ルイ14世の栄華を象徴する「ヴェルサイユの宮殿と庭園」（フランス），ドイツの宗教改革家マルティン・ルターゆかりのアイスレーベンとヴィッテンベルクにある「ルター記念碑」，文豪ゲーテ，詩人・劇作家シラー，哲学者ニーチェなど文化人ゆかりの町「クラシカル・ワイマール」（ドイツ），モーツァルトの生誕地でもある「ザルツブルク市街の歴史地区」（オーストリア），シェークスピアのハムレットの舞台となった「クロンボー城」（デンマーク），第2次世界大戦時のナチス・ドイツによる負の遺産「アウシュヴィッツ強制収容所」（ポーランド），モルダウで有名な作曲家スメタナが生まれたリトミシュルにある「リトミシュル城」（チェコ），ドラキュラ公ゆかりの「シギショアラ」（ルーマニア），キリスト教の聖者ペテロの名に因む「サンクト・ペテルブルク歴史地区と記念物群」（ロシア連邦），ラムセス2世ゆかりの「アブ・シンベルからフィラエまでのヌビア遺跡群」（エジプト），イギリスの探検家リヴィングストンによって発見された「ヴィクトリア瀑布」（ジンバブエ／ザンビア），マンデラ前大統領ゆかりの「ロベン島」（南アフリカ），トマス・ジェファソンゆかりの「モンティセロとヴァージニア大学」と「独立記念館」（アメリカ合衆国），独立運動家シモン・ボリバルが夢を語った「パナマ歴史地区とサロン・ボリバール」（パナマ），アメリカ大陸を発見したコロンブスが最初に建

設した植民都市「サント・ドミンゴ」(ドミニカ共和国)，チャールズ・ダーウィンの進化論で有名な「ガラパゴス諸島」(エクアドル)，ブラジルの建築家オスカー・ニエマイヤーが都市設計した「ブラジリア」，偉大な彫刻家アレイジャジーニョの作品が飾られている「コンゴーニャスのボン・ジェズス聖域」(ブラジル)などがこれまでにユネスコ世界遺産に登録されています。

かけがえのない地球，そして，先人達が築いてきた人類の偉大な遺産として認知された世界遺産は，自国の遺産としてだけではなく，国家を超えて保護・保存し，未来へと継承していかなければなりません。

この事の原点には，世界の平和が維持されていることが前提となります。第二次世界大戦などの戦禍で世界各地の貴重な自然環境や文化財が数多く失われました。冷戦集結後の今日も，民族間や宗教間の争い，国家間の領土紛争など，国家や人間のエゴイズムによるもめ事が，しばしば，世界遺産を危機にさらしています。

世界遺産は，地球と人類が残した偉大な自然環境や文化財など文明の証明でもあり，人間による経済活動や開発行為に起因する地球環境問題とも無縁ではありません。

私たち人類は，21世紀をどのように生きるべきか，また，どのような地球社会を築き，将来世代に継承してべきか，それらの疑問に答えヒントを与えてくれるのが，先人が残してくれた世界遺産です。

きれいごとと揶揄する向きもありますが，純粋，純真な少年的，少女的なマインドを持ち続けることが大切だと思います。

この様な視点で，物事をとらえた場合，現代社会，そして，政治，経済のシステムも矛盾している側面も見当たります。これからの学校教育（教科課程や履修課程，それに総合学習や自由研究など）や社会教育（生涯学習や地域学習）のカリキュラムやテーマに，「世界遺産学」を採り入れていくことも必要なことではないでしょうか。

世界観，国家観，民族観，宗教観，平和観も新たなパラダイムへの転換が必要で，その視座の一つが，地球市民としての世界遺産学なのです。

「世界遺産学」をおすすめしたいと思います。

「世界遺産事典－関連用語と全物件プロフィール－2001改訂版」
（シンクタンクせとうち総合研究機構　発行）

資 料 編

国連・文明間の対話展
(United Nations Year of Dialogue among Civilization)
2001年10月10日から2002年1月15日まで
東京の渋谷区神宮前にある国連大学ビルUNギャラリーで
「危機にさらされている世界遺産」展が開催され、
当シンクタンクも情報提供に協力しました。

世界遺産全物件リスト（地域別・国別）

〈アフリカ〉23か国（57物件）

ウガンダ共和国（3物件○2 ●1）
- ○ブウィンディ国立公園
- ○ルウェンゾリ山地国立公園 ★
- ●カスビのブガンダ王族の墓………………38

エチオピア連邦民主共和国（7物件○1 ●6）
- ○シミエン国立公園 ★
- ●ラリベラの岩の教会
- ●ゴンダール地方のファジル・ゲビ
- ●アワッシュ川下流域
- ●ティヤ
- ●アクスム
- ●オモ川下流域

ガーナ共和国（2物件●2）
- ●アシャンティの伝統建築物
- ●ボルタ、アクラ、中部、西部各州の砦と城塞

カメルーン共和国（1物件○1）
- ○ジャ・フォナル自然保護区

ギニア共和国（1物件○1）
- ○ニンバ山厳正自然保護区（※コートジボワール）★

ケニア共和国（3物件○2 ●1）
- ○ケニア山国立公園／自然林
- ○ツルカナ湖の国立公園群
- ●ラムの旧市街………………36

コートジボワール共和国（3物件○3）
- ○ニンバ山厳正自然保護区（※ギニア）★
- ○タイ国立公園
- ○コモエ国立公園

コンゴ民主共和国（旧ザイール）（5物件○5）
- ○ヴィルンガ国立公園 ★
- ○ガランバ国立公園 ★
- ○カフジ・ビエガ国立公園 ★
- ○サロンガ国立公園 ★
- ○オカピ野生動物保護区 ★

ザンビア共和国（1物件○1）
- ○モシ・オア・トゥニャ（ヴィクトリア瀑布）（※ジンバブエ）

ジンバブエ共和国（4物件○2 ●2）
- ○マナ・プールズ国立公園、サピとチェウォールのサファリ地域
- ●グレート・ジンバブエ遺跡
- ●カミ遺跡国立記念物
- ○モシ・オア・トゥニャ（ヴィクトリア瀑布）（※ザンビア）

セイシェル共和国（2物件○2）
- ○アルダブラ環礁
- ○バレ・ドゥ・メ自然保護区

セネガル共和国（4物件○2 ●2）
- ○ゴレ島
- ○ニオコロ・コバ国立公園
- ○ジュディ鳥類保護区 ★
- ●サン・ルイ島

タンザニア連合共和国（6物件○5 ●1）
- ○ンゴロンゴロ保全地域
- ●キルワ・キシワーニとソンゴ・ムナラの遺跡
- ○セレンゲティ国立公園
- ○セルース動物保護区
- ○キリマンジャロ国立公園
- ●ザンジバルのストーン・タウン

中央アフリカ共和国（1物件○1）
- ○マノボ・グンダ・サンフローリス国立公園 ★

ナイジェリア連邦共和国（1物件●1）
- ●スクルの文化的景観

ニジェール共和国（2物件○2）
- ○アイルとテネレの自然保護区 ★
- ○ニジェールのW国立公園

ベナン共和国（1物件●1）
- ●アボメイの王宮 ★

ボツワナ共和国（1物件●1）
- ●ツォディロ

マダガスカル共和国（2物件○1 ●1）
- ○ベマラハ厳正自然保護区のチンギ
- ●アンボヒマンガの王丘

マラウイ共和国（1物件○1）
- ○マラウイ湖国立公園

マリ共和国（3物件●2 ◎1）
- ●ジェンネの旧市街
- ●トンブクトゥー ★
- ◎バンディアガラの絶壁（ドゴン人の集落）

南アフリカ共和国（4物件○1 ●2 ◎1）
- ○グレーター・セント・ルシア湿潤公園
- ●スタークフォンテン、スワークランズ、クロムドラーイと周辺の人類化石遺跡
- ●ロベン島
- ◎オカシュランバ・ドラケンスバーグ公園………………40

モザンビーク共和国（1物件●1）
- ●モザンビーク島

〈アラブ諸国〉12か国（54物件）

アルジェリア民主人民共和国（7物件●6 ◎1）
- ●ベニ・ハンマド要塞
- ◎タッシリ・ナジェール
- ●ムサブの渓谷
- ●ジェミラ
- ●ティパサ
- ●ティムガッド
- ●アルジェのカスバ

イエメン共和国（3物件●3）
- ●シバーム城塞都市
- ●サナアの旧市街
- ●ザビドの歴史都市 ★

イラク共和国（1物件●1）
- ●ハトラ

（注）地域分類はユネスコ世界遺産センターの分類に準拠。登録年順に掲載。
○自然遺産　●文化遺産　◎複合遺産　★危機遺産
※二国にまたがる物件　　下線は、本書で取り上げた物件とそのページ

エジプト・アラブ共和国（5物件 ●5）
- メンフィスとそのネクロポリス／ギザからダハシュールまでのピラミッド地帯
- 古代テーベとネクロポリス
- アブ・シンベルからフィラエまでのヌビア遺跡群
- イスラム文化都市カイロ
- アブ・メナ ★

オマーン国（4物件 ○1 ●3）
- バフラ城塞 ★
- バット, アル・フトゥムとアル・アインの考古学遺跡
- ○アラビアン・オリックス保護区
- 乳香フランキンセンスの軌跡

シリア・アラブ共和国（4物件 ●4）
- 古代都市ダマスカス
- 古代都市ボスラ
- パルミラの遺跡
- 古代都市アレッポ

チュニジア共和国（8物件 ○1 ●7）
- チュニスのメディナ
- カルタゴの遺跡
- エル・ジェムの円形劇場
- ○イシュケウル国立公園 ★
- ケルクアンの古代カルタゴの町とネクロポリス
- スースのメディナ
- カイルアン
- ドゥッガ／トゥッガ

モーリタニア・イスラム共和国（2物件 ○1 ●1）
- ○アルガン岩礁国立公園
- ウァダン, シンゲッテイ, ティシット, ウァラタのカザール古代都市

モロッコ王国（7物件 ●7）
- フェスのメディナ
- マラケシュのメディナ
- アイット・ベン・ハドゥの集落
- 古都メクネス
- ヴォルビリスの考古学遺跡
- テトゥアンのメディナ（旧市街）
- エッサウィラ（旧モガドール）のメディナ ………… 34

ヨルダン・ハシミテ王国（3物件 ●3）
- ペトラ
- アムラ城塞
- エルサレム旧市街と城壁（ヨルダン推薦物件）★

社会主義人民リビア・アラブ国（5物件 ●5）
- レプティス・マグナの考古学遺跡
- サブラタの考古学遺跡
- キレーネの考古学遺跡
- タドラート・アカクスの岩絵
- ガダミースの旧市街

レバノン共和国（5物件 ●5）
- アンジャル
- バールベク
- ビブロス
- ティール
- カディーシャ渓谷（聖なる谷）と神の杉の森（ホルシュ・アルゼ・ラップ）

〈アジア・太平洋〉21か国（138物件）

イラン・イスラム共和国（3物件 ●3）
- チョーガ・ザンビル
- ペルセポリス
- イスファハンのイマーム広場

インド（22物件 ○5 ●17）
- アジャンター石窟群
- エローラ石窟群
- アグラ城塞
- タージ・マハル
- コナーラクの太陽神寺院
- マハーバリプラムの建造物群
- ○カジランガ国立公園
- ○マナス野生動物保護区 ★
- ○ケオラデオ国立公園
- ゴアの教会と修道院
- カジュラホの建造物群
- ハンピの建造物群 ★
- ファテープル・シクリ
- パッタダカルの建造物群
- エレファンタ石窟群
- タンジャブールのブリハディシュワラ寺院
- ○スンダルバンス国立公園
- ○ナンダ・デビ国立公園
- サーンチーの仏教遺跡
- デリーのフマユーン廟
- デリーのクトゥブ・ミナールと周辺の遺跡群
- ダージリン・ヒマラヤ鉄道

インドネシア共和国（6物件 ○3 ●3）
- ボロブドール寺院遺跡群
- ○ウジュン・クロン国立公園
- ○コモド国立公園
- プランバナン寺院遺跡群
- サンギラン初期人類遺跡
- ○ローレンツ国立公園

ヴェトナム社会主義共和国（4物件 ○1 ●3）
- フエの建築物群
- ハー・ロン湾
- 古都ホイアン
- 聖地ミーソン

ウズベキスタン共和国（4物件 ●4）
- イチャン・カラ
- ブハラの歴史地区
- シャフリサーブスの歴史地区
- サマルカンド-文明の十字路 …………………… 44

オーストラリア（14物件 ○10 ◎4）
- ◎カカドゥ国立公園
- ○グレート・バリア・リーフ
- ◎ウィランドラ湖群地域
- ◎タスマニア原生地域
- ○ロードハウ諸島
- ○オーストラリアの中東部雨林保護区
- ◎ウルル-カタ・ジュタ国立公園
- ○クィーンズランドの湿潤熱帯地域
- ○西オーストラリアのシャーク湾
- ○フレーザー島
- ○オーストラリアの哺乳類の化石遺跡（リバースリーとナラコーテ）
- ○ハード島とマクドナルド諸島
- ○マックォーリー島
- ○グレーター・ブルー・マウンテンズ地域 ……………… 50

世界遺産学入門―もっと知りたい世界遺産― 世界遺産全物件リスト

資料編

117

（注）地域分類はユネスコ世界遺産センターの分類に準拠。登録年順に掲載。
○自然遺産　●文化遺産　◎複合遺産　★危機遺産
※二国にまたがる物件　下線は、本書で取り上げた物件とそのページ

世界遺産学入門―もっと知りたい世界遺産― 世界遺産全物件リスト

カンボジア王国 (1物件 ●1)
- ●アンコール ★

スリランカ民主社会主義共和国 (7物件 ○1 ●6)
- ●聖地アヌラダプラ
- ●古代都市ポロンナルワ
- ●古代都市シギリヤ
- ○シンハラジャ森林保護区
- ●聖地キャンディ
- ●ゴールの旧市街と城塞
- ●ダンブッラの黄金寺院

ソロモン諸島 (1物件 ○1)
- ○イースト・レンネル

タイ王国 (4物件 ○1 ●3)
- ●古都スコータイと周辺の歴史地区
- ●古都アユタヤと周辺の歴史地区
- ○トゥンヤイ・ファイ・カ・ケン野生生物保護区
- ●バン・チェーン遺跡

大韓民国 (7物件 ●7)
- ●石窟庵と仏国寺
- ●八萬大蔵経のある伽倻山海印寺
- ●宗廟
- ●昌徳宮
- ●水原の華城
- ●慶州の歴史地域
- ●高敞、和順、江華の支石墓

中華人民共和国 (28物件 ○3 ●21 ◎4)
- ●泰山
- ●万里の長城
- ●明・清王朝の皇宮
- ●莫高窟
- ●秦の始皇帝陵
- ●周口店の北京原人遺跡
- ○黄山
- ○九寨溝の自然景観および歴史地区
- ○黄龍の自然景観および歴史地区
- ○武陵源の自然景観および歴史地区
- ●承徳の避暑山荘と外八廟
- ●曲阜の孔子邸、孔子廟、孔子林
- ●武当山の古建築群
- ●ラサのポタラ宮の歴史的遺産群
- ●廬山国立公園
- ◎楽山大仏風景名勝区を含む峨眉山風景名勝区
- ●麗江古城
- ●平遥古城
- ●蘇州の古典庭園
- ●北京の頤和園
- ●北京の天壇
- ◎武夷山
- ●大足石刻
- ●青城山と都江堰の灌漑施設
- ●安徽省南部の古民居群-西逓村と宏村
- ●龍門石窟
- ●明・清王朝の陵墓群
- ●雲崗石窟 ………………… 46

トルクメニスタン (1物件 ●1)
- ●「古都メルブ」州立歴史文化公園

日本 (11物件 ○2 ●9)
- ●法隆寺地域の仏教建造物
- ●姫路城
- ○屋久島
- ○白神山地

- ●古都京都の文化財
- ●白川郷・五箇山の合掌造り集落
- ●広島の平和記念碑(原爆ドーム)
- ●嚴島神社
- ●古都奈良の文化財
- ●日光の社寺
- ●琉球王国のグスク及び関連遺産群 ………………… 48

ニュージーランド (3物件 ○2 ◎1)
- ○テ・ワヒポウナム-南西ニュージーランド
- ◎トンガリロ国立公園
- ○ニュージーランドの亜南極諸島

ネパール王国 (4物件 ○2 ●2)
- ○サガルマータ国立公園
- ●カトマンズ渓谷
- ○ロイヤル・チトワン国立公園
- ●釈迦生誕地ルンビニー

パキスタン・イスラム共和国 (6物件 ●6)
- ●モヘンジョダロの考古学遺跡
- ●タキシラ
- ●タクティ・バヒーの仏教遺跡と近隣のサハリ・バハロルの都市遺跡
- ●タッタの歴史的建造物
- ●ラホールの城塞とシャリマール庭園 ★
- ●ロータス要塞

バングラデシュ人民共和国 (3物件 ○1 ●2)
- ●バゲラートのモスク都市
- ●パハルプールの仏教寺院遺跡
- ○サンダーバンズ

フィリピン共和国 (5物件 ○2 ●3)
- ○トゥバタハ岩礁海洋公園
- ●フィリピンのバロック様式の教会群
- ●フィリピンのコルディリェラ山脈の棚田 ★
- ●ヴィガンの歴史都市
- ○プエルト・プリンセサ地底川国立公園

マレーシア (2物件 ○2)
- ○キナバル公園
- ○ムル山国立公園

ラオス人民民主共和国 (2物件 ●2)
- ●ルアンプラバンの町
- ●チャムパサックの文化的景観の中にあるワット・プーおよび関連古代集落群

〈ヨーロッパ・北米〉44か国 (370物件)

アイルランド (2物件 ●2)
- ●ベンド・オブ・ボインの考古学遺跡群
- ●スケリッグ・マイケル

アゼルバイジャン共和国 (1物件 ●1)
- ●シルヴァン・シャフ・ハーンの宮殿と乙女の塔がある城塞都市バクー

アメリカ合衆国 (20物件 ○12 ●8)
- ●メサ・ヴェルデ
- ○イエローストーン ★
- ○グランド・キャニオン国立公園
- ○エバーグレーズ国立公園 ★

(注) 地域分類はユネスコ世界遺産センターの分類に準拠。登録年順に掲載。
○自然遺産 ●文化遺産 ◎複合遺産 ★危機遺産
※二国にまたがる物件 下線は、本書で取り上げた物件とそのページ

○ クルエーン／ランゲルーセントエライアス／グレーシャーベイ／タッシェンシニ・アルセク（※カナダ）
● 独立記念館
○ レッドウッド国立公園
○ マンモスケーブ国立公園
○ オリンピック国立公園
● カホキア土塁州立史跡
○ グレートスモーキー山脈国立公園
● プエルトリコのラ・フォルタレサとサン・ファン歴史地区
● 自由の女神像
○ ヨセミテ国立公園
● チャコ文化国立歴史公園
● シャーロッツビルのモンティセロとヴァージニア大学
○ ハワイ火山国立公園
● プエブロ・デ・タオス
○ カールスバッド洞窟群国立公園
○ ウォータートン・グレーシャー国際平和公園（※カナダ）

アルバニア共和国（1物件 ●1）
● ブトリント ★

アルメニア共和国（3物件 ●3）
● ハフパットサナヒンの修道院
● ゲガルド修道院とアザト峡谷の上流
● エチミアジンの聖堂と教会群およびスヴァルトノツの考古学遺跡

イギリス（グレートブリテンおよび北部アイルランド連合王国）（24物件 ○5 ●19）
○ ジャイアンツ・コーズウェイとコーズウェイ海岸
● ダーラム城と大聖堂
● アイアンブリッジ峡谷
● ファウンティンズ修道院跡を含むスタッドリー王立公園
● ストーンヘンジ、エーヴベリーおよび関連の遺跡群
● グウィネズ地方のエドワード1世ゆかりの城郭と市壁
● セント・キルダ
● ブレニム宮殿
● バース市街
● ハドリアヌスの城壁
● ウエストミンスター・パレス、ウエストミンスター寺院、聖マーガレット教会
○ ヘンダーソン島
● ロンドン塔
● カンタベリー大聖堂、聖オーガスチン寺院、聖マーチン教会
● エディンバラの旧市街・新市街
○ ゴフ島野生生物保護区
● グリニッジ海事
● 新石器時代の遺跡の宝庫オークニー
● バミューダの古都セント・ジョージと関連要塞群
● ブレナヴォンの産業景観
● ニュー・ラナーク
● ソルテア
○ ドーセットと東デボン海岸
● ダウェント渓谷の工場……………………62

イスラエル国（2物件 ●2）
● マサダ国立公園……………………42
● アクルの旧市街

イタリア共和国（35物件 ○1 ●34）
● ヴァルカモニカの岩石画
● レオナルド・ダ・ヴィンチ画「最後の晩餐」があるサンタマリア・デレ・グラツィエ教会とドメニコ派修道院
● ローマの歴史地区、教皇領とサンパオロ・フォーリ・レ・ムーラ大聖堂（※ヴァチカン）
● フィレンツェの歴史地区
● ピサとその干潟
● ピサのドゥオモ広場

● サン・ジミニャーノの歴史地区
● マテーラの岩穴住居
● ヴィチェンツァの市街とベネトのパッラーディオのヴィラ
● シエナの歴史地区
● ナポリの歴史地区
● クレスピ・ダッダ
● フェラーラ：ルネッサンスの都市とポー・デルタ
● カステル・デル・モンテ
● アルベロベッロのトゥルッリ
● ラヴェンナの初期キリスト教記念物
● ピエンツァ市街の歴史地区
● カゼルタの18世紀王宮と公園、ヴァンヴィテリの水道橋とサン・レウチョ邸宅
● サヴォイア王家王宮
● パドヴァの植物園（オルト・ボタニコ）
● ポルトヴェーネレ、チンクエ・テッレと諸島（パルマリア、ティーノ、ティネット）
● モデナの大聖堂、市民の塔、グランデ広場
● ポンペイ、ヘルクラネウム、トッレ・アヌンツィアータの考古学地域
● アマルフィターナ海岸
● アグリジェントの考古学地域
● ヴィッラ・ロマーナ・デル・カザーレ
● バルーミニの巨石文化
● アクイレリアの考古学地域とバシリカ総主教聖堂
● ウルビーノの歴史地区
● ペストゥムとヴェリアの考古学遺跡とパドゥーラの僧院があるチレントとディアーナ渓谷国立公園
● ティヴォリのヴィッラ・アドリアーナ
● ヴェローナの市街
○ エオリエ諸島（エーオリアン諸島）
● アッシジのサン・フランチェスコのバシリカとその他の遺跡群
● ティヴォリのヴィラ・デステ……………………52

ヴァチカン市国（2物件 ●2）
● ローマの歴史地区、教皇領とサンパオロ・フォーリ・レ・ムーラ大聖堂（※イタリア）
● ヴァチカン・シティー

ウクライナ（2物件 ●2）
● キエフの聖ソフィア大聖堂と修道院群、キエフ・ペチェルスカヤ大修道院
● リヴィフの歴史地区

エストニア共和国（1物件 ●1）
● ターリンの歴史地区（旧市街）

オーストリア共和国（8物件 ●8）
● ザルツブルク市街の歴史地区
● シェーンブルン宮殿と庭園
● ザルツカンマーグート地方のハルシュタットとダッハシュタインの文化的景観
● センメリング鉄道
● グラーツの歴史地区
● ワッハウの文化的景観
● ウィーンの歴史地区……………………64
● フェルト・ノイジィードラーゼーの文化的景観（※ハンガリー）

オランダ王国（7物件 ●7）
● スホクランドとその周辺
● アムステルダムの防塞
● キンデルダイク-エルスハウトの風車群
● オランダ領アンティルの港町ウィレムスタトの歴史地区（オランダ領アンティル）
● Ir.D.F.ウォーダヘマール（D.F.ウォーダ蒸気揚水ポンプ場）
● ドロークマカライ・デ・ベームステル（ベームスター干拓地）
● リートフェルト設計（リートフェルト・シュレーダー邸）

世界遺産学入門ーもっと知りたい世界遺産ー　世界遺産全物件リスト

カナダ（13物件 ○8 ●5）
- ●ランゾー・メドーズ国立史跡
- ○ナハニ国立公園
- ○ダイナソール州立公園
- ○クルーエン／ランゲルーセントエライアス／グレーシャーベイ／タッシェンシニ・アルセク（※アメリカ合衆国）
- ○スカン・グアイ（アンソニー島）
- ●ヘッド・スマッシュト・イン・バッファロー・ジャンプ
- ○ウッドバッファロー国立公園
- ○カナディアン・ロッキー山脈公園
- ●ケベックの歴史地区
- ○グロスモーン国立公園
- ●古都ルーネンバーグ
- ○ウォータートン・グレーシャー国際平和公園（※アメリカ合衆国）
- ○ミグアシャ公園

キプロス共和国（3物件 ●3）
- ●パフォス
- ●トロードス地方の壁画教会群
- ●ヒロキティア

ギリシャ（16物件 ●14 ◎2）
- ●バッセのアポロ・エピクリオス神殿
- ●デルフィの考古学遺跡
- ●アテネのアクロポリス
- ◎アトス山
- ◎メテオラ
- ●テッサロニキの初期キリスト教とビザンチン様式の建造物群
- ●エピダヴロスの考古学遺跡
- ●ロードスの中世都市
- ●ミストラ
- ●オリンピアの考古学遺跡
- ●デロス
- ●ダフニの修道院、オシオス・ルカス修道院とヒオス島のネアモニ修道院
- ●サモス島のピタゴリオンとヘラ神殿
- ●ヴェルギナの考古学遺跡
- ●ミケーネとティリンスの考古学遺跡
- ●パトモス島の聖ヨハネ修道院のある歴史地区（ホラ）と聖ヨハネ黙示録の洞窟

グルジア共和国（3物件 ●3）
- ●ムツヘータの都市-博物館保護区
- ●ヴァグラチ聖堂とゲラチ修道院
- ●アッパー・スヴァネチ

クロアチア共和国（6物件 ○1 ●5）
- ●ドブロブニクの旧市街
- ●ディオクレティアヌス宮殿などのスプリット史跡群
- ○プリトヴィチェ湖群国立公園
- ●ポレチの歴史地区のエウフラシウス聖堂建築物
- ●トロギールの歴史都市
- ●シベニクの聖ヤコブ大聖堂

スイス連邦（5物件 ○1 ●4）
- ●ベルンの旧市街
- ●ザンクト・ガレンの大聖堂
- ●市場町ベリンゾーナの3つの城、防壁、土塁
- ●ミュスタイルの聖ヨハン大聖堂
- ○ユングフラウ・アレッチ・ビエッチホルン……………… 54

スウェーデン王国（12物件 ○1 ●10 ◎1）
- ●ドロットニングホルムの王領地
- ●ビルカとホーブゴーデン
- ●エンゲルスベルグの製鉄所
- ●ターヌムの岩石刻画
- ●スコースキュアゴーデン
- ●ハンザ同盟の都市ヴィスビー
- ○ラップ人地域
- ●ルーレオのガンメルスタードの教会村
- ●カールスクルーナの軍港
- ○ハイ・コースト
- ●エーランド島南部の農業景観
- ●ファールンの大銅山の採鉱地域……………… 72

スペイン（37物件 ○2 ●33 ◎2）
- ●コルドバの歴史地区
- ●グラナダのアルハンブラ、ヘネラリーフェ、アルバイシン
- ●ブルゴス大聖堂
- ●マドリードのエル・エスコリアル修道院と旧王室
- ●バルセロナのグエル公園、グエル邸、カサ・ミラ
- ●アルタミラ洞窟
- ●セゴビアの旧市街とローマ水道
- ●オヴィエドとアストゥーリアス王国の記念物
- ●サンティアゴ・デ・コンポステーラ旧市街
- ●アヴィラの旧市街と塁壁外の教会
- ●アラゴン地方のムデハル様式建築
- ●古都トレド
- ○ガラホナイ国立公園
- ●カセレスの旧市街
- ●セビリア大聖堂、アルカサル、インディアス古文書館
- ●古都サラマンカ
- ●ポブレットの修道院
- ●メリダの考古学遺跡群
- ●サンタ・マリア・デ・グアダルーペの王立僧院
- ●サンティアゴ・デ・コンポステーラへの巡礼道
- ○ドニャーナ国立公園
- ●クエンカの歴史的要塞都市
- ●ヴァレンシアのロンハ・デ・ラ・セダ
- ●ラス・メドゥラス
- ●バルセロナのカタルーニャ音楽堂とサン・パウ病院
- ●聖ミリャン・ジュソ修道院とスソ修道院
- ◎ピレネー地方ペルデュー山（※フランス）
- ●イベリア半島の地中海沿岸の岩壁画
- ●アルカラ・デ・エナレスの大学と歴史地区
- ◎イビザの生物多様性と文化
- ●サン・クリストバル・デ・ラ・ラグーナ
- ●タラコの考古遺跡群
- ●エルチェの椰子園
- ●ルーゴのローマ時代の城壁
- ●ボイ渓谷のカタルーニャ・ロマネスク教会群
- ●アタプエルカの考古遺跡
- ●アランフエスの文化的景観

スロヴァキア共和国（5物件 ○1 ●4）
- ●ヴルコリニェツ
- ●バンスカー・シュティアヴニッツァ
- ●スピシュスキー・ヒラットと周辺の文化財
- ○アッガテレクとスロヴァキア・カルストの洞窟群（※ハンガリー）
- ●バルデヨフ市街保全地区

スロヴェニア共和国（1物件 ○1）
- ○シュコチアン洞窟（スロヴェニア）

チェコ共和国（11物件 ●11）
- ●プラハの歴史地区
- ●チェルキー・クルムロフの歴史地区
- ●テルチの歴史地区
- ●ゼレナホラ地方のネポムクの巡礼教会
- ●クトナ・ホラ聖バーバラ教会とセドリックの聖母マリア聖堂を含む歴史地区
- ●レドニツェとヴァルチツェの文化的景観
- ●クロメルジーシュの庭園と城
- ●ホラソヴィッェの歴史的集落保存地区

（注）地域分類はユネスコ世界遺産センターの分類に準拠。登録年順に掲載。
○自然遺産　●文化遺産　◎複合遺産　★危機遺産
※二国にまたがる物件　下線は、本書で取り上げた物件とそのページ

- リトミシュル城
- オロモウツの聖三位一体の塔
- <u>ブルノのトゥーゲントハット邸</u>……………………… 68

デンマーク王国（3物件 ●3）
- イェリング墳丘, ルーン文字石碑と教会
- ロスキレ大聖堂
- クロンボー城

ドイツ連邦共和国（25物件 ○1 ●24）
- アーヘン大聖堂
- シュパイアー大聖堂
- ヴュルツブルクの司教館, 庭園と広場
- ヴィースの巡礼教会
- ブリュールのアウグストスブルク城とファルケンルスト城
- ヒルデスハイムの聖マリア大聖堂と聖ミヒャエル教会
- トリーアのローマ遺跡, 聖ペテロ大聖堂, 聖マリア教会
- ハンザ同盟の都市リューベック
- ポツダムとベルリンの公園と宮殿
- ロルシュの修道院とアルテンミュンスター
- ランメルスベルク旧鉱山と古都ゴスラー
- バンベルクの町
- マウルブロンの修道院群
- クヴェートリンブルクの教会と城郭と旧市街
- フェルクリンゲン製鉄所
- ○メッセル・ピット化石発掘地
- ケルン大聖堂
- ワイマールおよびデッサウにあるバウハウスおよび関連遺産群
- アイスレーベンおよびヴィッテンベルクにあるルター記念碑
- クラシカル・ワイマール
- ベルリンのムゼウムスインゼル（博物館島）
- ヴァルトブルク城
- デッサウ-ヴェルリッツの庭園王国
- ライヒェナウ修道院島
- <u>関税同盟炭坑の産業遺産</u>……………………… 66

トルコ共和国（9物件 ●7 ◎2）
- イスタンブールの歴史地区
- ◎ギョレメ国立公園とカッパドキアの岩窟群
- ディヴリイの大モスクと病院
- ハットシャ
- ネムルト・ダウ
- クサントス・レトーン
- ◎ヒエラポリス・パムッカレ
- サフランボルの市街
- トロイの考古学遺跡

ノルウェー王国（4物件 ●4）
- ウルネスのスターヴ教会
- ブリッゲン
- ローロス
- アルタの岩石刻画

ハンガリー共和国（7物件 ○1 ●6）
- ブダペスト, ドナウ河畔とブダ城地域
- ホロケー
- ○アッガテレクとスロヴァキア・カルストの洞窟群（※スロヴァキア）
- パンノンハルマのベネディクト会修道院と自然環境
- ホルトバージ国立公園
- ペーチュ（ソピアナエ）の初期キリスト教徒の墓地
- フェルト・ノイジィードラーゼーの文化的景観（※オーストリア）

フィンランド共和国（5物件 ●5）
- ラウマ旧市街
- スオメンリンナ要塞

- ペタヤヴェシの古い教会
- ヴェルラ製材製紙工場
- サンマルラハデンマキの青銅器時代の埋葬地

フランス共和国（28物件 ○1 ●26 ◎1）
- モン・サン・ミッシェルとその湾
- シャルトル大聖堂
- ヴェルサイユ宮殿と庭園
- ヴェズレーの教会と丘
- ヴェゼール渓谷の装飾洞穴
- フォンテーヌブロー宮殿と公園
- アミアン大聖堂
- オランジュのローマ劇場とその周辺ならびに凱旋門
- アルルのローマおよびロマネスク様式の建築群
- フォントネーのシトー派修道院
- アルケスナンの王立製塩所
- ナンシーのスタニスラス広場, カリエール広場, アリヤーンス広場
- サンサバン・スル・ガルタンプの教会
- ○コルシカのジロラッタ岬, ポルト岬, スカンドラ自然保護区とピアナ・カランシュ
- ポン・デュ・ガール（ローマ水道）
- ストラスブール・グラン・ディル
- パリのセーヌ河岸
- ランスのノートル・ダム大聖堂, サンレミ旧大寺院, トウ宮殿
- ブールジュ大聖堂
- アヴィニョンの歴史地区
- ミディ運河
- カルカソンヌの歴史城塞都市
- ◎ピレネー地方ーペルデュー山（※スペイン）
- サンティアゴ・デ・コンポステーラへの巡礼道（フランス側）
- リヨンの歴史地区
- サン・テミリオン管轄区
- シュリー・シュル・ロワールとシャロンヌの間のロワール渓谷
- <u>中世の交易都市プロヴァン</u>……………………… 56

ブルガリア共和国（9物件 ○2 ●7）
- ボヤナ教会
- マダラの騎士像
- カザンラクのトラキヤ人墳墓
- イワノヴォ岩壁修道院
- 古代都市ネセバル
- リラ修道院
- ○スレバルナ自然保護区 ★
- ○ピリン国立公園
- スベシュタリのトラキア人墳墓

ベラルーシ共和国（2物件 ○1 ●1）
- ○ベラベジュスカヤ・プッシャ／ビャウォヴィエジャ森林（※ポーランド）
- ミール城の建築物群

ベルギー王国（8物件 ●8）
- フランドル地方のベギン会院
- ルヴィエールとルルー（エノー州）にあるサントル運河の4つの閘門と周辺環境
- ブリュッセルのグラン・プラス
- フランドル地方とワロン地方の鐘楼
- ブルージュの歴史地区
- ブリュッセルの建築家ヴィクトール・オルタの主な邸建築
- モンスのスピエンヌの新石器時代の燧石採掘坑
- トゥルネーのノートル・ダム大聖堂

ポーランド共和国（10物件 ○1 ●9）
- クラクフの歴史地区
- ヴィエリチカ塩坑

（注）地域分類はユネスコ世界遺産センターの分類に準拠。登録年順に掲載。
○自然遺産　●文化遺産　◎複合遺産　★危機遺産
※二国にまたがる物件　下線は, 本書で取り上げた物件とそのページ

- アウシュヴィッツ強制収容所
- ○ベラベジュスカヤ・プッシャ／ビャウォヴィエジャ森林
  （※ベラルーシ）
- ワルシャワの歴史地区
- ザモシチの旧市街
- トルンの中世都市
- マルボルクのチュートン騎士団の城
- カルヴァリア ゼブジドフスカ：マニエリズム建築と公園景観それに巡礼公園
- <u>ヤヴォルとシフィドニツァの平和教会</u>············· 70

ポルトガル共和国（12物件 ○1 ●11）
- アゾーレス諸島のアングラ・ド・ヘロイズモ市街地
- リスボンのジェロニモス修道院とベレンの塔
- バターリャの修道院
- トマルのキリスト教修道院
- エヴォラの歴史地区
- アルコバサの修道院
- シントラの文化的景観
- ポルトの歴史地区
- コア渓谷の先史時代の岩壁画
- マデイラのラウリシールヴァ
- <u>ギマランイスの歴史地区</u>············· 60
- ワインの産地アルト・ドウロ地域

マケドニア・旧ユーゴスラビア共和国（1物件 ◎1）
- ◎文化的・歴史的外観・自然環境をとどめるオフリッド地域

マルタ共和国（3物件 ●3）
- ハル・サフリエニ・ヒポゲム
- ヴァレッタの市街
- マルタの巨石神殿群

ユーゴスラビア連邦共和国（4物件 ○1 ●3）
- スタリ・ラスとソボチャニ
- コトルの自然と文化ー歴史地域 ★
- ドゥルミトル国立公園
- ストゥデニカ修道院

ラトビア共和国（1物件 ●1）
- リガの歴史地区

リトアニア共和国（2物件 ●2）
- ヴィリニュスの歴史地区
- クルシュ砂州（※ロシア）

ルクセンブルグ大公国（1物件 ●1）
- ルクセンブルク市街、その古い町並みと要塞都市の遺構

ルーマニア（7物件 ○1 ●6）
- ドナウ河三角州
- トランシルヴァニア地方にある要塞教会のある村
- ホレーズ修道院
- モルダヴィアの教会群
- シギショアラの歴史地区
- マラムレシュの木造教会
- オラシュティエ山脈のダキア人の要塞

ロシア連邦（17物件 ○6 ●11）
- サンクト・ペテルブルグの歴史地区と記念物群
- キジ島の木造建築
- モスクワのクレムリンと赤の広場
- ノヴゴロドと周辺の歴史的建造物群
- ソロベツキー諸島の文化・歴史的遺跡群
- ウラディミルとスズダリの白壁建築群
- セルギエフ・ポサドにあるトロイツェ・セルギー大修道院の建造物群
- コローメンスコエの主昇天教会

- ○コミの原生林
- ○バイカル湖
- ○カムチャッカの火山群
- ○アルタイ・ゴールデン・マウンテン
- ○西コーカサス
- カザン要塞の歴史的建築物群
- フェラポントフ修道院の建築物群
- ○クルシュ砂州（※リトアニア）
- <u>中央シホテ・アリン</u>············· 74

〈ラテンアメリカ・カリブ地域〉
24か国（102物件）

アルゼンチン共和国（7物件 ○4 ●3）
- ○ロス・グラシアレス
- グアラニー人のイエズス会伝道所：サン・イグナシオ・ミニ、ノエストラ・セニョーラ・デ・レ・ロレート、サンタ・マリア・マジョール（アルゼンチン）、サン・ミゲル・ミソオエス遺跡（ブラジル）（※ブラジル）
- ○イグアス国立公園
- ○ピントゥーラス川のクエバ・デ・ラス・マーノス
- ○ヴァルデス半島
- ○イスチグアラスト・タランパヤ自然公園
- コルドバのイエズス会街区と領地

ヴェネズエラ・ボリバル共和国（3物件 ○1 ●2）
- コロとその港
- ○カナイマ国立公園
- 大学都市カラカス

ウルグアイ東方共和国（1物件 ●1）
- コロニア・デル・サクラメントの歴史地区

エクアドル共和国（4物件 ○2 ●2）
- <u>ガラパゴス諸島</u>············· 78
- キト市街
- ○サンガイ国立公園 ★
- サンタ・アナ・デ・ロス・リオス・クエンカの歴史地区

エルサルバドル共和国（1物件 ●1）
- ホヤ・デ・セレンの考古学遺跡

キューバ共和国（7物件 ○2 ●5）
- オールド・ハバナと要塞
- トリニダードとインヘニオス渓谷
- サンティアゴ・デ・クーバのサン・ペドロ・ロカ要塞
- ヴィニャーレス渓谷
- ○デセンバルコ・デル・グランマ国立公園
- キューバ南部の最初のコーヒー農園の考古学的景観
- ○アレハンドロ・デ・フンボルト国立公園

グアテマラ共和国（3物件 ●2 ◎1）
- ◎ティカル国立公園
- アンティグア・グアテマラ
- キリグア遺跡公園と遺跡

コスタリカ共和国（3物件 ○3）
- ○タラマンカ地方ーラ・アミスタッド保護区群／ラ・アミスタッド国立公園（※パナマ）
- ○ココ島国立公園
- ○グアナカステ保全地域

コロンビア共和国（5物件 ○1 ●4）
- カルタヘナの港、要塞、建造物群
- ○ロス・カティオス国立公園
- サンタ・クルーズ・デ・モンポスの歴史地区

（注）地域分類はユネスコ世界遺産センターの分類に準拠。登録年順に掲載。
○自然遺産　●文化遺産　◎複合遺産　★危機遺産
※二国にまたがる物件　<u>下線</u>は、本書で取り上げた物件とそのページ

- ティエラデントロ国立遺跡公園
- サン・アグスティン遺跡公園

スリナム共和国（1物件 ○1）
○ 中央スリナム自然保護区

セントクリストファーネイヴィース（1物件 ○1）
- ブリムストンヒル要塞国立公園

チリ共和国（2物件 ●2）
- ラパ・ヌイ国立公園
- チロエ島の教会群

ドミニカ共和国（1物件 ●1）
- サント・ドミンゴの植民都市

ドミニカ国（1物件 ○1）
○ トロア・ピトン山国立公園

ニカラグア共和国（1物件 ●1）
- レオン・ヴィエホの遺跡

ハイチ共和国（1物件 ●1）
- シタデル、サン・スーシー、ラミエール国立歴史公園

パナマ共和国（4物件 ○2 ●2）
- パナマのカリブ海沿岸のポルトベロ-サン・ロレンソの要塞群
○ ダリエン国立公園
○ タラマンカ地方-ラ・アミスタッド保護区群／ラ・アミスタッド国立公園（※コスタリカ）
- サロン・ボリバルのあるパナマの歴史地区

パラグアイ共和国（1物件 ●1）
- ラ・サンティシマ・トリニダード・デ・パラナとヘスス・デ・タバランゲのイエズス会伝道所

ブラジル連邦共和国（17物件 ○7 ●10）
- オウロ・プレートの歴史都市
- オリンダの歴史地区
- サルバドール・デ・バイアの歴史地区
- コンゴーニャスのボン・ゼズス聖域
○ イグアス国立公園
- ブラジリア
○ セラ・ダ・カピバラ国立公園
- グアラニー人のイエズス会伝道所：サン・イグナシオ・ミニ、ノエストラ・セニョーラ・デ・レ・ロレート、サンタ・マリア・マジョール（アルゼンチン）、サン・ミゲル・ミソオエス遺跡（ブラジル）（※アルゼンチン）
- サン・ルイスの歴史地区
- ディアマンティナの歴史地区
○ ブラジルが発見された大西洋森林保護区
○ 大西洋森林南東保護区
○ ジャウ国立公園
○ パンタナル保護地域
- <u>ゴイヤスの歴史地区</u>……………………………… 80
○ ブラジルの大西洋諸島：フェルナンド・デ・ノロニャとアトール・ダス・ロカス保護区
○ セラード保護地域：シャパーダ・ドス・ヴェアデイロス国立公園とエマス国立公園

ベリーズ（1物件 ○1）
○ ベリーズ珊瑚礁保護区

ペルー共和国（10物件 ○2 ●6 ◎2）
- クスコ市街
◎ マチュ・ピチュの歴史保護区
- チャビン（考古学遺跡）

○ ワスカラン国立公園
- チャン・チャン遺跡地域　★
○ マヌー国立公園
- リマの歴史地区
◎ リオ・アビセオ国立公園
- ナスカおよびフマナ平原の地上絵
- <u>アレキパ市の歴史地区</u>…………………………… 82

ボリビア共和国（6物件 ○1 ●5）
- ポトシ市街
- チキトスのイエズス会伝道施設
- スクレの歴史都市
- サマイパタの砦
- ティアワナコ：ティアワナコ文化の政治・宗教の中心地
○ ノエル・ケンプ・メルカード国立公園

ホンジュラス共和国（2物件 ○1 ●1）
- コパンのマヤ遺跡
○ リオ・プラターノ生物圏保護区　★

メキシコ合衆国（21物件 ○2 ●19）
○ シアン・カアン
- パレンケ古代都市と国立公園
- メキシコシティーの歴史地区とソチミルコ
- テオティワカン古代都市
- オアハカの歴史地区とモンテ・アルバンの考古学遺跡
- プエブラの歴史地区
- 古都グアナフアトと近隣の鉱山群
- チチェン・イッツァ古代都市
- モレリアの歴史地区
- エル・タヒン古代都市
○ エル・ヴィスカイノの鯨保護区
- サカテカスの歴史地区
- サン・フランシスコ山地の岩絵
- ポポカテペトル山腹の16世紀初頭の修道院群
- ウシュマル古代都市
- ケレタロの歴史的建造物地域
- グアダラハラのオスピシオ・カバニャス
- カサス・グランデスのパキメの考古学遺跡
- トラコタルパンの歴史的建造物地域
- カンペチェの歴史的要塞都市
- ソチカルコの考古学遺跡ゾーン

資料編

（注）地域分類はユネスコ世界遺産センターの分類に準拠。登録年順に掲載。
○ 自然遺産　● 文化遺産　◎ 複合遺産　★ 危機遺産
※ 二国にまたがる物件　<u>下線</u>は、本書で取り上げた物件とそのページ

123

〈監修者プロフィール〉

FURUTA Haruhisa
古田 陽久　シンクタンクせとうち総合研究機構 代表
1951年広島県生まれ。1974年慶応義塾大学経済学部卒業。同年、日商岩井入社、海外総括部、情報新事業本部、総合プロジェクト室などを経て、1990年にシンクタンクせとうち総合研究機構を設立。㈶都市緑化基金・読売新聞社主催第7回「緑の都市賞」建設大臣賞、毎日新聞社主催毎日郷土提言賞優秀賞など受賞論文、論稿、講演多数。ロンドン、パリ、ヴァチカン、ローマ、ナポリ、ポンペイ、アムステルダム、ブリュッセル、アントワープ、ブリュージュ、ナミュール、ルクセンブルグ、ウィズバーデン、フランクフルト、メッセル、シンガポール、クアラルンプール、ペナン、バンコク、北京、上海、杭州、蘇州、南京、無錫、大連、旅順、香港、マカオ、ソウル、水原、慶州、釜山、ケアンズ、ブリスベン、シドニー、バンクーバー、カルガリー、バンフ、トロント、ニューヨーク、ボストン、ケンブリッジ、ワシントンD.C.、デトロイトなど海外諸都市を取材などで歴訪。1998年9月に世界遺産研究センター（現 世界遺産総合研究センター）を2001年1月に21世紀総合研究所を設置（代表兼務）。
専門分野　世界遺産論、世界遺産研究、環境教育、国際交流、ユネスコ等国際機関の研究
編著書「世界遺産入門」、「都市の再生戦略」、「環瀬戸内からの発想」（共著）、「日本列島・21世紀への構図」（編著）、「全国47都道府県 誇れる郷土データ・ブック」、「環瀬戸内海エリア・データブック」、「世界遺産データ・ブック」、「日本の世界遺産ガイド」（共編）、「日本ふるさと百科」、「誇れる郷土ガイド－東日本編－」、「誇れる郷土ガイド－西日本編－」、「環日本海エリア・ガイド」、「世界遺産ガイド－日本編－」、「世界遺産ガイド－アジア・太平洋編－」、「世界遺産ガイド－中東編－」、「世界遺産ガイド－西欧編－」、「世界遺産ガイド－北欧・東欧・CIS編－」、「世界遺産ガイド－アフリカ編－」、「世界遺産ガイド－アメリカ編－」、「世界遺産ガイド－自然遺産編－」、「世界遺産ガイド－文化遺産編－Ⅰ.遺跡」、「世界遺産ガイド－文化遺産編－Ⅱ.建造物」、「世界遺産ガイド－文化遺産編－Ⅲ.モニュメント」、「世界遺産ガイド－複合遺産編－」、「世界遺産ガイド－世界遺産条約編－」、「世界遺産ガイド－都市・建築編－」、「世界遺産ガイド－産業・技術編－」、「世界遺産ガイド－名勝・景勝地編－」、「世界遺産マップス」、「世界遺産フォトス」、「世界遺産事典」、「世界遺産Q&A」（監修）

FURUTA Mami
古田 真美　シンクタンクせとうち総合研究機構 事務局長
1954年広島県生まれ。1977年青山学院大学文学部史学科卒業。ひろしま女性大学、総理府国政モニターなどを経て現職。毎日新聞社主催毎日郷土提言賞優秀賞審査員、広島県事業評価監視委員会委員、広島県景観審議会委員、広島県放置艇対策あり方検討会委員、NHK視聴者会議委員なども歴任。論稿、講演多数、東海テレビ「NEXT21」等のテレビ番組にも出演。ロンドン、パリ、ブリュッセル、アントワープ、ブリュージュ、ナミュール、ルクセンブルグ、ウィズバーデン、フランクフルト、メッセル、モスクワ、北京、上海、杭州、蘇州、南京、無錫、大連、旅順、ソウル、水原、慶州、釜山、ケアンズ、ブリスベン、シドニー、バンクーバー、カルガリー、バンフ、トロントなど国内外諸都市を取材などで歴訪。1998年9月に世界遺産研究センター（現 世界遺産総合研究センター）を2001年1月に21世紀総合研究所を設置（事務局長兼務）。
専門分野　景観美学、都市文化、アンケート調査分析、世界遺産研究、口承・無形遺産、歴史地理、環境教育
編著書「世界遺産入門」、「環瀬戸内からの発想」（共著）、「日本列島・21世紀への構図」（編著）、「全国47都道府県誇れる郷土データ・ブック」、「環瀬戸内海エリア・データブック」、「世界遺産データ・ブック」、「日本の世界遺産ガイド」（共編）、「日本ふるさと百科」、「誇れる郷土ガイド－東日本編－」、「誇れる郷土ガイド－西日本編－」、「環日本海エリア・ガイド」、「世界遺産ガイド－日本編－」、「世界遺産ガイド－アジア・太平洋編－」、「世界遺産ガイド－中東編－」、「世界遺産ガイド－西欧編－」、「世界遺産ガイド－北欧・東欧・CIS編－」、「世界遺産ガイド－アフリカ編－」、「世界遺産ガイド－アメリカ編－」、「世界遺産ガイド－自然遺産編－」、「世界遺産ガイド－文化遺産編－Ⅰ.遺跡」、「世界遺産ガイド－文化遺産編－Ⅱ.建造物」、「世界遺産ガイド－文化遺産編－Ⅲ.モニュメント」、「世界遺産ガイド－複合遺産編－」、「世界遺産ガイド－都市・建築編－」、「世界遺産ガイド－産業・技術編－」、「世界遺産ガイド－名勝・景勝地編－」、「世界遺産ガイド－世界遺産条約編－」、「世界遺産マップス」、「世界遺産フォトス」、「世界遺産事典」、「世界遺産Q&A」（監修）

世界遺産学入門　－もっと知りたい世界遺産－

2002年（平成14年）2月15日 初版 第1刷

著　　者	古田 陽久　古田 真美
企画・構成	21世紀総合研究所
編　　集	世界遺産総合研究センター
発　　行	シンクタンクせとうち総合研究機構 ⓒ
	〒733-0844
	広島市西区井口台3丁目37番3-1110号
	TEL&FAX　082-278-2701
	郵便振替　01340-0-30375
	電子メール　sri@orange.ocn.ne.jp
	インターネット　http://www.dango.ne.jp/sri/
	出版社コード　916208
印刷・製本	図書印刷株式会社

ⓒ本書の内容を複写、複製、引用、転載される場合には、必ず、事前にご連絡下さい。

Complied and Printed in Japan, 2002　ISBN4-916208-52-8 C1526　Y2000E

発行図書のご案内

世界遺産シリーズ

世界遺産シリーズ
★㈳日本図書館協会選定図書
世界遺産事典 －関連用語と全物件プロフィール－ 2001改訂版
世界遺産総合研究センター編　ISBN4-916208-49-8　本体2000円　2001年8月

世界遺産シリーズ
★㈳日本図書館協会選定図書　☆全国学校図書館協議会選定図書
世界遺産フォトス －写真で見るユネスコの世界遺産－
世界遺産研究センター編　ISBN4-916208-22-6　本体1905円　1999年8月

世界遺産シリーズ
世界遺産フォトス －第2集　多様な世界遺産－
世界遺産総合研究センター編　ISBN4-916208-50-1　本体2000円　2002年1月

世界遺産シリーズ
★㈳日本図書館協会選定図書
世界遺産入門　－地球と人類の至宝－
古田陽久　古田真美　共著　ISBN4-916208-12-9　本体1429円　1998年4月

世界遺産シリーズ
世界遺産学入門　－もっと知りたい世界遺産－
古田陽久　古田真美　共著　ISBN4-916208-52-8　本体2000円　2002年2月

世界遺産シリーズ
★㈳日本図書館協会選定図書　☆全国学校図書館協議会選定図書
世界遺産マップス －地図で見るユネスコの世界遺産－ 2001改訂版
世界遺産研究センター編　ISBN4-916208-38-2　本体2000円　2001年1月

世界遺産シリーズ
★㈳日本図書館協会選定図書
世界遺産Q&A －世界遺産の基礎知識－ 2001改訂版
世界遺産総合研究センター編　ISBN4-916208-47-1　本体2000円　2001年9月

世界遺産シリーズ
★㈳日本図書館協会選定図書
世界遺産ガイド　－自然遺産編－
世界遺産研究センター編　ISBN4-916208-20-X　本体1905円　1999年1月

世界遺産シリーズ
★㈳日本図書館協会選定図書　☆全国学校図書館協議会選定図書
世界遺産ガイド　－文化遺産編－　Ⅰ遺跡
世界遺産研究センター編　ISBN4-916208-32-3　本体2000円　2000年8月

世界遺産シリーズ
★㈳日本図書館協会選定図書　☆全国学校図書館協議会選定図書
世界遺産ガイド　－文化遺産編－　Ⅱ建造物
世界遺産研究センター編　ISBN4-916208-33-1　本体2000円　2000年9月

世界遺産シリーズ
★㈳日本図書館協会選定図書　☆全国学校図書館協議会選定図書
世界遺産ガイド　－文化遺産編－　Ⅲモニュメント
世界遺産研究センター編　ISBN4-916208-35-8　本体2000円　2000年10月

世界遺産シリーズ
世界遺産ガイド　－文化遺産編－　Ⅳ文化的景観
世界遺産総合研究センター編　ISBN4-916208-53-6　本体2000円　2002年1月

世界遺産シリーズ

世界遺産シリーズ	★(社)日本図書館協会選定図書　☆全国学校図書館協議会選定図書
世界遺産ガイド　－複合遺産編－	
世界遺産総合研究センター編	ISBN4-916208-43-9　本体2000円　2001年4月

世界遺産シリーズ	★(社)日本図書館協会選定図書
世界遺産ガイド　－危機遺産編－	
世界遺産総合研究センター編	ISBN4-916208-45-5　本体2000円　2001年7月

世界遺産シリーズ	★(社)日本図書館協会選定図書　☆全国学校図書館協議会選定図書
世界遺産ガイド　－世界遺産条約編－	
世界遺産研究センター編	ISBN4-916208-34-X　本体2000円　2000年7月

世界遺産シリーズ	★(社)日本図書館協会選定図書　☆全国学校図書館協議会選定図書
世界遺産ガイド　－日本編－　2001改訂版	
世界遺産研究センター編	ISBN4-916208-36-6　本体2000円　2001年1月

世界遺産シリーズ	★(社)日本図書館協会選定図書
世界遺産ガイド　－アジア・太平洋編－	
世界遺産研究センター編	ISBN4-916208-19-6　本体1905円　1999年3月

世界遺産シリーズ	★(社)日本図書館協会選定図書　☆全国学校図書館協議会選定図書
世界遺産ガイド　－中東編－	
世界遺産研究センター編	ISBN4-916208-30-7　本体2000円　2000年7月

世界遺産シリーズ	★(社)日本図書館協会選定図書　☆全国学校図書館協議会選定図書
世界遺産ガイド　－西欧編－	
世界遺産研究センター編	ISBN4-916208-29-3　本体2000円　2000年4月

世界遺産シリーズ	★(社)日本図書館協会選定図書　☆全国学校図書館協議会選定図書
世界遺産ガイド　－北欧・東欧・ＣＩＳ編－	
世界遺産研究センター編	ISBN4-916208-28-5　本体2000円　2000年4月

世界遺産シリーズ	★(社)日本図書館協会選定図書　☆全国学校図書館協議会選定図書
世界遺産ガイド　－アフリカ編－	
世界遺産研究センター編	ISBN4-916208-27-7　本体2000円　2000年3月

世界遺産シリーズ	★(社)日本図書館協会選定図書
世界遺産ガイド　－アメリカ編－	
世界遺産研究センター編	ISBN4-916208-21-8　本体1905円　1999年6月

世界遺産シリーズ	★(社)日本図書館協会選定図書　☆全国学校図書館協議会選定図書
世界遺産ガイド　－都市・建築編－	
世界遺産研究センター編	ISBN4-916208-39-0　本体2000円　2001年2月

世界遺産シリーズ	★(社)日本図書館協会選定図書　☆全国学校図書館協議会選定図書
世界遺産ガイド　－産業・技術編－	
世界遺産研究センター編	ISBN4-916208-40-4　本体2000円　2001年3月

世界遺産シリーズ	★(社)日本図書館協会選定図書
世界遺産ガイド　－名勝・景勝地編－	
世界遺産研究センター編	ISBN4-916208-41-2　本体2000円　2001年3月

世界遺産シリーズ

世界遺産データ・ブック

世界遺産シリーズ
世界遺産データ・ブック －2002年版－
世界遺産総合研究センター編　　ISBN4-916208-51-X　本体2000円　2002年1月

世界遺産シリーズ　　★(社)日本図書館協会選定図書　☆全国学校図書館協議会選定図書
世界遺産データ・ブック －2001年版－
世界遺産研究センター編　　ISBN4-916208-37-4　本体2000円　2001年1月

世界遺産シリーズ　　★(社)日本図書館協会選定図書　☆全国学校図書館協議会選定図書
世界遺産データ・ブック －2000年版－
世界遺産研究センター編　　ISBN4-916208-26-9　本体2000円　2000年1月

世界遺産シリーズ　　★(社)日本図書館協会選定図書　☆全国学校図書館協議会選定図書
世界遺産データ・ブック －1999年版－
世界遺産研究センター編　　ISBN4-916208-18-8　本体1905円　1999年1月

世界遺産シリーズ　　★(社)日本図書館協会選定図書　☆全国学校図書館協議会選定図書
世界遺産データ・ブック －1998年版－
シンクタンクせとうち総合研究機構編　ISBN4-916208-13-7　本体1429円　1998年2月

世界遺産シリーズ　　★(社)日本図書館協会選定図書　☆全国学校図書館協議会選定図書
世界遺産データ・ブック －1997年版－
シンクタンクせとうち総合研究機構編　ISBN4-9900145-8-8　本体1456円　1996年12月

世界遺産シリーズ　　★(社)日本図書館協会選定図書　☆全国学校図書館協議会選定図書
世界遺産データ・ブック －1995年版－
河野祥宣編著　　ISBN4-9900145-5-3　本体2427円　1995年11月

日本の世界遺産

世界遺産シリーズ
世界遺産ガイド －日本編－ II.保存と活用
世界遺産総合研究センター編　　ISBN4-916208-54-4　本体2000円　2001年2月

世界遺産シリーズ　　★(社)日本図書館協会選定図書　☆全国学校図書館協議会選定図書
世界遺産ガイド －日本編－ 2001改訂版
世界遺産研究センター編　　ISBN4-916208-36-6　本体2000円　2001年1月

世界遺産シリーズ　　★(社)日本図書館協会選定図書　☆全国学校図書館協議会選定図書
世界遺産ガイド －日本編－
世界遺産研究センター編　　ISBN4-916208-17-X　本体1905円　1999年1月

世界遺産シリーズ　　★(社)日本図書館協会選定図書　☆全国学校図書館協議会選定図書
日本の世界遺産ガイド －1997年版－
シンクタンクせとうち総合研究機構編　ISBN4-9900145-9-6　本体1262円　1997年3月

ふるさとシリーズ

☆全国学校図書館協議会選定図書
誇れる郷土ガイド　－東日本編－
シンクタンクせとうち総合研究機構編　ISBN4-916208-24-2　本体1905円　1999年12月

☆全国学校図書館協議会選定図書
誇れる郷土ガイド　－西日本編－
シンクタンクせとうち総合研究機構編　ISBN4-916208-25-0　本体1905円　2000年1月

環日本海エリア・ガイド
シンクタンクせとうち総合研究機構編　ISBN4-916208-31-5　本体2000円　2000年6月

西日本2府15県　★㈳日本図書館協会選定図書
環瀬戸内海エリア・データブック
シンクタンクせとうち総合研究機構編　ISBN4-9900145-7-X　本体1456円　1996年10月

誇れる郷土データ・ブック　－1996～97年版－
シンクタンクせとうち総合研究機構編　ISBN4-9900145-6-1　本体1262円　1996年6月

日本ふるさと百科　－データで見るわたしたちの郷土－
シンクタンクせとうち総合研究機構編　ISBN4-916208-11-0　本体1429円　1997年12月

スーパー情報源　－就職・起業・独立編－
シンクタンクせとうち総合研究機構編　ISBN4-916208-16-1　本体1500円　1998年8月

誇れる郷土ガイド　－口承・無形遺産編－
シンクタンクせとうち総合研究機構編　ISBN4-916208-44-7　本体2000円　2001年6月

誇れる郷土ガイド　－北海道・東北編－
シンクタンクせとうち総合研究機構編　ISBN4-916208-42-0　本体2000円　2001年5月

誇れる郷土ガイド　－関東編－
シンクタンクせとうち総合研究機構編　ISBN4-916208-48-X　本体2000円　2001年11月

誇れる郷土ガイド　－近畿編－
シンクタンクせとうち総合研究機構編　ISBN4-916208-46-3　本体2000円　2001年10月

以下続刊予定　本体各2000円
誇れる郷土ガイド　－中部編－
誇れる郷土ガイド　－中国・四国編－
誇れる郷土ガイド　－九州・沖縄編－

地球と人類の21世紀に貢献する総合データバンク
シンクタンクせとうち総合研究機構
事務局　〒733－0844　広島市西区井口台三丁目37番3－1110号
書籍のご注文専用ファックス℡082－278－2701　電子メールsri@orange.ocn.ne.jp
※シリーズや年度版の定期予約は、当シンクタンク事務局迄お申し込み下さい。